メディア学大系
14

クリエイターのための
映像表現技法

佐々木和郎
羽田　久一
森川　美幸

共著
▼

コロナ社

「メディア学大系」刊行に寄せて

　ラテン語の“メディア（中間・仲立ち）”という言葉は，16世紀後期の社会で使われ始め，20世紀前期には人間のコミュニケーションを助ける新聞・雑誌・ラジオ・テレビが代表する“マスメディア”を意味するようになった。また，20世紀後期の情報通信技術の著しい発展によってメディアは社会変革の原動力に不可欠な存在までに押し上げられた。著名なメディア論者マーシャル・マクルーハンは彼の著書『メディア論—人間の拡張の諸相』（栗原・河本訳，みすず書房，1987年）のなかで，“メディアは人間の外部環境のすべてで，人間拡張の技術であり，われわれのすみからすみまで変えてしまう。人類の歴史はメディアの交替の歴史ともいえ，メディアの作用に関する知識なしには，社会と文化の変動を理解することはできない”と示唆している。

　このように未来社会におけるメディアの発展とその重要な役割は多くの学者が指摘するところであるが，大学教育の対象としての「メディア学」の体系化は進んでいない。東京工科大学は理工系の大学であるが，その特色を活かしてメディア学の一端を学部レベルで教育・研究する学部を創設することを検討し，1999年4月世に先駆けて「メディア学部」を開設した。ここでいう，メディアとは「人間の意思や感情の創出・表現・認識・知覚・理解・記憶・伝達・利用といった人間の知的コミュニケーションの基本的な機能を支援し，助長する媒体あるいは手段」と広義にとらえている。このような多様かつ進化する高度な学術対象を取り扱うためには，従来の個別学問だけで対応することは困難で，諸学問横断的なアプローチが必須と考え，学部内に専門的な科目群（コア）を設けた。その一つ目はメディアの高度な機能と未来のメディアを開拓するための工学的な領域「メディア技術コア」，二つ目は意思・感情の豊かな表現力と秘められた発想力の発掘を目指す芸術学的な領域「メディア表現コ

ア」，三つ目は新しい社会メディアシステムの開発ならびに健全で快適な社会の創造に寄与する人文社会学的な領域「メディア環境コア」である。

「文・理・芸」融合のメディア学部は創立から13年の間，メディア学の体系化に試行錯誤の連続であったが，その経験を通して，メディア学は21世紀の学術・産業・社会・生活のあらゆる面に計り知れない大きなインパクトを与え，学問分野でも重要な位置を占めることを知った。また，メディアに関する学術的な基礎を確立する見通しもつき，歴年の願いであった「メディア学大系」の教科書シリーズ全10巻を刊行することになった。

2016年，メディア学の普及と進歩は目覚ましく，「メディア学大系」もさらに増強が必要になった。この度，視聴覚情報の新たな取り扱いの進歩に対応するため，さらに5巻を刊行することにした。

2017年に至り，メディアの高度化に伴い，それを支える基礎学問の充実が必要になった。そこで，数学，物理，アルゴリズム，データ解析の分野において，メディア学全体の基礎となる教科書4巻を刊行することにした。メディア学に直結した視点で執筆し，理解しやすいように心がけている。また，発展を続けるメディア分野に対応するため，さらに「メディア学大系」を充実させることを計画している。

この「メディア学大系」の教科書シリーズは，特にメディア技術・メディア芸術・メディア環境に興味をもつ学生には基礎的な教科書になり，メディアエキスパートを志す諸氏には本格的なメディア学への橋渡しの役割を果たすと確信している。この教科書シリーズを通して「メディア学」という新しい学問の台頭を感じとっていただければ幸いである。

2020年1月

東京工科大学
　メディア学部　初代学部長
　前学長

　　　　　相磯秀夫

「メディア学大系」の使い方

　メディア学は，工学・社会科学・芸術などの幅広い分野を包摂する学問である。これらの分野を，情報技術を用いた人から人への情報伝達という観点で横断的に捉えることで，メディア学という学問の独自性が生まれる。「メディア学大系」では，こうしたメディア学の視座を保ちつつ，各分野の特徴に応じた分冊を提供している。

　第1巻『改訂メディア学入門』では，技術・表現・環境という言葉で表されるメディアの特徴から，メディア学の全体像を概観し，さらなる学びへの道筋を示している。

　第2巻『CGとゲームの技術』，第3巻『コンテンツクリエーション（改訂版）』は，ゲームやアニメ，CGなどのコンテンツの創作分野に関連した内容となっている。

　第4巻『マルチモーダルインタラクション』，第5巻『人とコンピュータの関わり』は，インタラクティブな情報伝達の仕組みを扱う分野である。

　第6巻『教育メディア』，第7巻『コミュニティメディア』は，社会におけるメディアの役割と，その活用方法について解説している。

　第8巻『ICTビジネス』，第9巻『ミュージックメディア』は，産業におけるメディア活用に着目し，経済的な視点も加えたメディア論である。

　第10巻『メディアICT（改訂版）』は，ここまでに紹介した各分野を扱う際に必要となるICT技術を整理し，情報科学とネットワークに関する基本的なリテラシーを身に付けるための内容を網羅している。

　第2期の第11巻〜第15巻は，メディア学で扱う情報伝達手段の中でも，視聴覚に関わるものに重点を置き，さらに具体的な内容に踏み込んで書かれている。

　第11巻『CGによるシミュレーションと可視化』，第12巻『CG数理の基礎』

では，視覚メディアとしてのコンピュータグラフィックスについて，より詳しく学ぶことができる。

第13巻『音声音響インタフェース実践』は，聴覚メディアとしての音の処理技術について，応用にまで踏み込んだ内容となっている。

第14巻『クリエイターのための 映像表現技法』，第15巻『視聴覚メディア』では，視覚と聴覚とを統合的に扱いながら，効果的な情報伝達についての解説を行う。

第3期の第16巻〜第19巻は，メディア学を学ぶうえでの道具となる学問について，必要十分な内容をまとめている。

第16巻『メディアのための数学』，第17巻『メディアのための物理』は，文系の学生でもこれだけは知っておいて欲しいという内容を整理したものである。

第18巻『メディアのためのアルゴリズム』，第19巻『メディアのためのデータ解析』では，情報工学の基本的な内容を，メディア学での活用という観点で解説する。

各巻の構成内容は，大学における講義2単位に相当する学習を想定して書かれている。各章の内容を身に付けた後には，演習問題を通じて学修成果を確認し，参考文献を活用してさらに高度な内容の学習へと進んでもらいたい。

メディア学の分野は日進月歩で，毎日のように新しい技術が話題となっている。しかし，それらの技術が長年の学問的蓄積のうえに成立しているということも忘れてはいけない。「メディア学大系」では，そうした蓄積を丁寧に描きながら，最新の成果も取り込んでいくことを目指している。そのため，各分野の基礎的内容についての教育経験を持ち，なおかつ最新の技術動向についても把握している第一線の執筆者を選び，執筆をお願いした。本シリーズが，メディア学を志す人たちにとっての学びの出発点となることを期待するものである。

2023年1月

柿本正憲

大淵康成

　現代はまさに「映像メディア」の時代と言われます。SNS では無数の映像クリップが行き交い世界中の人々を魅了しています。スマートフォンで撮影した映像を手軽な編集アプリで加工して，だれもが世界に向けて動画を配信することができるのです。ネット上で人々の共感を集めるユーチューバーが，放送局や広告代理店よりも大きな影響力を持つ時代もすでに目の前にあります。

　プロの映像制作現場も激変しています。撮影機材はコンパクト化して，ドローンや 360°カメラなどの新技術もつぎつぎに生まれています。デジタル技術によって，撮影データの転送や編集作業もスピードアップし，映像制作に関わるすべての技術環境が非常に高いレベルに達しています。プロとアマチュアの差も縮まり，だれもが映像クリエイターとして，ハイレベルな作品を制作する舞台が揃っているのです。

　しかし，一方で「映像の価値の低下」も問われています。現代人の社会生活すべてがそうであるように，動画コンテンツも手軽さや話題性ばかりが重視される傾向にあるのではないでしょうか。短期間にフォロワーを増やすための映像に，凝ったストーリーやレベルの高い編集技法などは不要なのでしょうか。かつてメディアの中心にあったテレビ業界も，いまや予算効率化やスタッフの圧縮の流れの中で，映像の品質を守る奮闘を強いられているのです。また2020 年に世界を襲ったコロナ禍によって，映像制作に関わるすべてが新時代にむけた変革の道筋を探さなければなりません。

　このような時代状況の中で本書は執筆されました。本書の目的は，「映像」が持つ本来の力を解き明かして，これからの映像コンテンツ制作に役立てることにあります。先人たちによる優れた映像作品を分析することで，彼らが残した表現技法の素晴らしさや，隠されたアイデアを再発見して紹介していくことが本書のねらいです。

　各章は，14 週の講義をもとに「編集技法」や「撮影技法」などの映像表現

の技法ごとに構成されています。例えば「撮影技法」であれば，名カメラマン
によって撮影された美しい映像作品を紹介し，その撮影の技術を分析していま
す。各章を読み進めるにあたっては，各章で紹介されている作品のいずれかを
視聴していただければ，具体的な映像表現技法をイメージする手助けとなるで
しょう。

　本書の巻末には，映像表現の技法に関係する映画や映像作品のリストを掲載
しました。それらを，まずは映画作品として味わってみてはいかがでしょう。
そのうえで，作品に隠された表現技法の秘密を知れば，映像表現を学ぶ楽しさ
は倍増することでしょう。また，特定の技法に注目してほしい場合は，本文中
の脚注に，DVD や BD を再生する際に用いる再生時間の情報を加えました。
映画作品の視聴の際にお役立てください。

　近年の DVD ソフトなどに付属するメイキングなどの特典映像は，映像表現
技法を学ぶための情報の宝庫とも言えます。特に 11 章「映像制作の現場」で
は，こうした映像を資料として観ていただくことで，映像制作現場の実際につ
いて，より具体的に理解できることでしょう。

　近年では，Netflix などの動画配信サービスも登場して，過去の名作映画が
いつでも観ることができるようになりました。DVD や BD も比較的安価に入
手できるようになりましたし，シネコン型映画館を利用して「映画を好きに選
ぶ」こともできます。映像作品を鑑賞するという意味では，理想的な環境が
整っています。こうしたアドバンテージを最大限活用しない手はありません。
こうした時代に，本書が実践的なリファレンスとして役立ち，大学生のみなさ
んが，これからの時代に活躍する，映像クリエイターとなる助けとなれば，著
者にとって望外の幸せです。

　本書は執筆者の専門分野を生かし，つぎの 3 名で分担して執筆しました。

　佐々木和郎：1 〜 9，11，14 章，羽田久一：10 章，森川美幸：12，13 章

　なお，武蔵野大学上林憲行氏には原稿のベース作りにご協力をいただきまし
た。また，本学の相川清明氏，近藤邦雄氏には，執筆時から編集に至るまで貴
重なご意見をいただきました。ここに感謝申し上げます。

　2020 年 12 月

著者を代表して　佐々木和郎

目　　　次

第Ⅰ部：映像表現の重要項目

1章　映像演出 ── 物語と感動を伝える ──

2章　編集技法 ── 映像の時空間を操る ──

3章　撮影技法 —— 光で世界を描く ——

第 II 部：映像表現とテクノロジー

6 章　映像の先駆者たち ── 斬新なアイデアの作り方 ──

7章 特撮技法 —— SFX と VFX の世界 ——

8章　CG 技法 ── イメージの魔法の翼 ──

第Ⅲ部：映像のビジネス展開

11章 映像制作の現場 ── 撮影現場の職業図鑑 ──

第Ⅰ部：映像表現の重要項目

1章 映 像 演 出
—— 物語と感動を伝える ——

◆ **本章のテーマ**

　感動を伝える —— 映像作品によって人々に感動を与えること。それが映像作品のディレクター（監督）にとって最高の目標であろう。それは自分が人生の体験で得た喜びや驚き感激をだれかに共感してもらうことでもある。そのために，ディレクターは幅広い教養と豊かな感受性を背景にした「演出」の能力が必要である。さらには「編集」や「撮影」の技法にも通じていなければならない。巨匠と言われる監督の中には，こうした役割を兼ねる監督も多い。スタンリー・キューブリックや，ジェームズ・キャメロンは撮影現場で自らカメラを担ぐ。また黒澤明はすべてのカットを自ら編集する。スティーヴン・スピルバーグは撮影現場において，すでに最終段階で編集される映像のイメージを持っている。本章では，映像制作の過程を掌握するため，ディレクターにとって必要な演出技法の事例を紹介する。

◆ **本章の構成（キーワード）**

1.1　映画監督とは
　　　あきらめずに進む，人間性，準備を怠らない，作り続けること
1.2　演出技法の実例
　　　主観表現，感情移入，主観の入れ替わり，省略による映像表現
1.3　スタンリー・キューブリック
　　　徹底した作品制作，撮影技法の開発，一点透視の構図
1.4　アルフレッド・ヒッチコック
　　　計算つくされた脚本，スリラー作品の演出，トリック撮影のアイデア
1.5　黒澤　明
　　　静と動のコントラスト，人間の本質を描く，演技と一体のカメラ

◆ **本章を学ぶと以下の内容をマスターできます**

☞　映画監督としての資質について
☞　傑作映画の事例から演出技法の実際
☞　主観の設定と観客による感情移入
☞　巨匠監督の作品から学ぶ映像演出技法

1.1　映画監督とは

　組織におけるリーダーとは，ときに孤独なものである。映画作品の製作において，たくさんのスタッフと苦労をともにする映画監督たちは，集団における中心でありながらも，たった一人で孤独な闘いを続けている。監督たちのそうした側面を彼らの言葉から拾ってみよう。

1.1.1　目的地にたどり着くまで［フランソワ・トリュフォー］

　『映画に愛をこめて　アメリカの夜』（1973）の中で，フランソワ・トリュフォーが語った言葉を紹介する[†1]。

> 「映画製作は駅馬車の旅に似ている。旅立つ時は，野望と沸き立つ心がある。道中，数々の困難に行く手を阻まれ，強い決意と技術を使って乗り越える。だが，道は険しく，苦しみは永遠に続くかとさえ思えてくる。荷物の重さに耐えかね，捨てるものも出るだろう。大事なものをも，その場しのぎに切り捨てる。必需品すら，あきらめて手放すこともある。とにかく，かの地に着きさえすればいいのだと，旅を完遂させることだけが，目的として最後に残る。」

図 1.1　『映画に愛をこめて　アメリカの夜』で監督を演じるトリュフォー（左）[†2]

　映画監督が撮影現場で感じる悲哀をこれほど真摯に語った言葉があるだろうか。数々の困難に直面し希望を奪われながらも，あきらめずに進み続けるというのが映画監督の姿であろうか（図 1.1）。

1.1.2　あらゆる準備を怠らない［アンソニー・ミンゲラ］

　『イングリッシュ・ペイシェント』（1996）で，アカデミー作品賞，監督賞などを受賞したアンソニー・ミンゲラは，製作準備期間の仕事について聞かれて答えている。

---

†1　トリュフォーは，自分自身を投影する形で「フェラン監督」という役を演じている。
†2　本書で紹介している映画シーンなどのイラストは著者が作成したイメージ図である。

「こうやろう，と思ったことはなんでも，実際にやってみると決して想像していた通りにはいかない。撮影初日の前にやることはすべてなんらかの意味を持つものだと思う，たとえ，撮影中には毎日その成果を投げ捨てているように見えても。」[1], [†1]

　この言葉は，前述のトリュフォーの言葉とも重なる。しかし，思った通りにはいかない現場でも，撮影前の準備段階で手に入れたものは必ず役に立つ。それをもとに「つねに狂人か雄牛のように自分のヴィジョンを押し付けるようにして，自分がたどりつきたいと思うポイントまでたどりつく」のだという。

1.1.3　人間性を失わないこと［ダニー・ボイル］

　ダニー・ボイルはこう述べている。映画製作においては「レベルの高いプロフェッショナルを揃えることが重要」である。良い映画を作るためには「才能のあるプロフェッショナル」が欠かせない。しかし，もっと重要なことがある。

「あなたの仕事の 95 パーセントは人間を扱うことです。〈中略〉ピカソがキャンバスに絵を描くのとは違います。監督業のほとんどは，人間のエゴや，壊れやすい現場の空気を扱うことなのです。クルー全員に，正しいタイミングでひとつの作品のために沸騰してもらうのです。」[†2]

　数々の困難な撮影現場を乗り越えてきたリドリー・スコットも『ブラック・レイン』（1989）のメイキングで同様のことを語っている。

「一流のスタッフは 1 年で 3 本の作品に関わる。精も根も尽き果て寿命も縮まる。映画一色の生活を始める前に分別を持つことが大切だ。」

1.1.4　立ち止まって考えること［伊丹万作］

　才能にあるたくさんのスタッフであふれかえる映画製作の現場は，時として異常な興奮や喧騒に覆われる。ちょっとしたトラブルなどで，常軌を逸した雰

---

†1　肩付き番号は巻末の引用・参考文献を示す。

†2　ムービーメーカーの記事 https://www.moviemaker.com/danny-boyle-15-golden-rules-filmmaking/「15 Golden Rules of filmmaking」のルールの一つとして「才能のある人間を雇うこと」の項目より。

注）　本書で紹介している URL は 2020 年 11 月現在のもの。

囲気になる場合も多い。日本映画草創期の名監督である伊丹万作も，撮影所にて同様の感想を持ったことは想像に難くない。

> 「朝，出勤するとき，撮影所の全景が一眸のうちに入る地点にきたらそこで一度立ち止まれ。そして考えるがよい。あの小さい区域の中で大勢の人間がごてごてと騒ぎまわっているのだ。何というくだらないことだと。くだらなさがわかったら君の魂はそのまま，そこに立ち止まってからだだけ撮影所にはいって行くがよい。」[2]

1.1.5　あきらめず作り続けること［ジェームズ・キャメロン］

プロフェッショナルになるために，「才能」は重要である。しかしもっとずっと重要なことがある。「あきらめずに続ける情熱」である。まさに「続ける力」ことこそが「才能」ではないだろうか？ ジェームズ・キャメロンは処女作『殺人魚フライングキラー』（1982）の製作途中で監督を降板させられた。

フィル・ティペットは「ストップモーション撮影」が不採用となり『ジュラシック・パーク』（1993，スティーヴン・スピルバーグ）から外される恐怖を体験した。ハンス・ジマーは『マッチスティック・メン』（2003，リドリー・スコット）の楽曲を一から書き直すという経験をした。こうした挫折に直面してもあきらめなかったからこそ，現在もトップランナーとして活躍する彼らがある。ホラーの巨匠，スティーヴン・キングもこう語る。

> 「才能は食卓塩よりも安い。才能ある人と成功者の差は，努力の量だ。」[3]

1.2　演出技法の実例

映画監督が行う「演出」という仕事について，ひとことでその実態を掴み取ることは難しい。舞台演出で重要なことは，まず俳優の演技であり，そしてそれを引き立てる照明や音楽，美術を考えるということであろう。しかし映画においては，撮影時のカメラアングルの選択や編集などの工程を通して統合的に作品を作り上げる。撮影機材を扱い，きわめて技術的でもありながら，同時に

文学的あるいは芸術的な感性を必要とされる非常に複雑で高度な作業と言えよう。それでは，実際に監督たちによる演出技法の実例から学んでいこう。

1.2.1　主 観 表 現

どのシーンにおいても，観客にとって重要なのは「だれに共感」すべきかが明確であることである。

登場人物が非常に多くストーリーも複雑である『パルプ・フィクション』（1994，クエンティン・タランティーノ）が成功を収めた理由の一つは，この作品ではだれの**主観**かをわかりやすく示していたからだ。ギャングのボスのマーセラス・ウォレス，殺し屋のヴィンセント・ベガ，ボクサーのブッチ・クーリッジなど，たくさんのキャラクターが入れ替わり登場する。シーンごとに，どちらかが「主人公」となり，どちらかが「その相手」と変化していく。しかしシーンごとにそれがだれの主観なのか明確に示されて，観客は混乱することがない。ストーリーを明快に描くうえで重要な演出技法のポイントである†。

1.2.2　主観を入れ替える

映画を見る観客は共感できる人物を探し，その人物がなにを考えているのかを読み取り感情移入する。優れた映画作品では，各シーンにおいて「だれの主観なのか」をはっきり示している。それによって観客は混乱することなく登場人物の感情を読み取り，映画のストーリーを理解することができる。

コーエン兄弟によるスリラーの名作『ノーカントリー』（2007）では麻薬取引の大金をめぐって壮絶な追跡劇が展開するが，その中で追跡する殺し屋アントン・シガーの主観と，追跡される側のルエイン・モスの主観がつぎつぎに入れ替わる。モスが大金を持ってホテルの部屋に隠れるシーン。凶器を持ったシガーが廊下を歩きまわってモスを捜す。このシーンでは，われわれはモスの気持ちになり「あいつが来ると絶対にまずい」「見つからなければいい」と思う。

---

† 　『パルプ・フィクション』主観が入れ替わるラストシーン［2:15:48 ～ 2:18:30］
注）　脚注［　］内の数字は DVD，BD 再生時の再生時間を示す。

『ノーカントリー』の後半で，今度は殺し屋シガーのほうが怪我をして身を隠すシーンが登場する。物語の中心がシガーに移動し，われわれはシガーの主観に誘導されて「彼は大丈夫か？」「一体なにを考えているのか？」と不安な気持ちになる。これは「主観設定を入れ替える」見事な演出である（**図1.2**）。コーエン兄弟は，このようにして「だれが主人公なのか」をシンプルに示して観客の気持ちを巧みに惹きつけている[4]。

図1.2　『ノーカントリー』主観設定の入れ替わり

1.2.3　ワンカットでの主観と客観表現

物語の大半が宇宙空間で展開する『ゼロ・グラビティ』（2013，アルフォンソ・キュアロン）では，主観設定が，一つのカットの中で連続的に入れ替わる特殊なシーンが登場する。船外活動中の主人公ライアン・ストーンをカメラは宇宙空間から客観的に映している。そのカメラがストーンの顔に近づいていく。そしてその視点は，いつかそのヘルメットの中に入ってしまい，そのままストーンの主観そのものとなる。モーションコントロールと CG のデジタル合成によって可能になった特別な演出技法である。この作品の撮影監督を担当したエマニュエル・ルベツキは続く『バードマンあるいは（無知がもたらす予期せぬ奇跡）』（2014）で，この撮影技法をさらに発展させ，一つの作品がまるごとワンカットで描かれる映画を実現した。

1.2.4　視線の演出表現

「空気を読む」という表現があるように，つねに「周囲の眼」を読むのが人間である。映画の演出でも重要な要素が「登場人物の視線」である。まともに目線を交わすのは，たがいに強い興味を示しているからだ。恋人同士が見つめ合う場面や，逆にたがいの気持ちを疑う場面などで現れる。よく「目が合う」ことで喧嘩になるという話を聞く。相手の眼をまともに見ることは敵意を表す。

「視線が合わない」演出表現もある。晩年のジョルジュ・メリエスと機械人形にあこがれる少年の交流を描いた『ヒューゴの不思議な発明』（2011，マーティン・スコセッシ）では，一方の人物が一方に反応しないという形で「対立」を表現している[5]。その後，この二人の関係が明らかになっていく伏線として重要な演出である[†1]。このように，登場人物同士が会話するシーンでは，視線がどのように交わされているのかが演出の鍵となる。

会話シーンにおける俳優の視線によって心理表現の意味は変わる。じっと見つめ返していれば「とても納得している」か「非常に疑っている」かである。視線が離れていれば「聞いてもいない」のか「話の真偽を考えている」という意味につながる。このように「視線のリアクション」は，ほんの少しのタイミングや眼の表情で多様な演出を可能にする。

1.2.5　視線による心理表現

『ゴースト／ニューヨークの幻』（1990，ジェリー・ザッカー）では，すでに死んで幽霊となった主人公の姿は人間には見えない。幽霊同士では視線を合わせた会話ができるが，生きた人間と彼との間でのリアクションは存在しない[†2]。同様に，統合失調症と闘った数学者を描いた『ビューティフル・マインド』（2001，ロン・ハワード）の編集も，不均等なリアクションが用いられている。本人とその幻視に現れるキャラクターはたがいにリアクションするのだ

---

†1　『ヒューゴの不思議な発明』ヒューゴとメリエスの視線［0:05:00 ～ 0:07:07］
†2　『ゴースト／ニューヨークの幻』サムとオダ・メイの会話［1:31:55 ～ 1:34:30］

が，第三者はそれに気がつくことはできない[†1]。『スティング』（1973, ジョージ・ロイ・ヒル）や『マッチスティック・メン』（2003, ジェームズ・キャメロン）のように詐欺師を描いた作品では，騙す側と騙される側がたがいの表情を食い入るように見る**リアクションショット**が活用されている[†2]。『太陽がいっぱい』（1960, ルネ・クレマン）の殺人シーンでは，殺害される友人と主人公との間で，刺さるような視線が交換される。

1.2.6　省略による映像演出

伝えたいことを，詳細にリアルに描くことが有効とは限らない。むしろ，重要なことは省略してしまい，それは観客に考えてもらうほうが効果的である。むしろ重要なメッセージは隠してしまうほうが有効なケースは多い。

現代の映像表現では撮影技法が発達し，戦闘シーンなどはリアルな表現で描かれることが多い。しかし殺人シーンなどは隠してしまうほうが，観客の想像力を刺激して恐怖心をかき立てるかもしれない。

『赤西蠣太』（1936, 伊丹万作）では，按摩の安甲が暗殺される場面を影だけで描いていた。『スティング』（1973）では，任務に失敗したマフィアの部下が殺し屋サリーノに撃たれる。このシーンではサリーノの顔は映されず，観客にはそれがだれなのかわからない。「省略されたなにか」があることで，われわれは自分自身の想像力を使って映画の世界を探索し，自ら没頭することができるのである[†3]。

1.2.7　映像をジャンプさせる

ジャンプカットは，映像演出における最も効果的な「省略」表現と言えよう。『2001年宇宙の旅』（1968, スタンリー・キューブリック）では，冒頭の「人類の夜明け」から「人類が宇宙に進出するまで」まで，300万年の時を超

[†1]　『ビューティフル・マインド』ルームメイトの登場 [0:05:20 ～ 0:09:02]
[†2]　『スティング』ポーカーゲームでぶつかり合う視線 [0:56:30 ～ 1:01:00]
[†3]　『スティング』サリーノの正体が隠された殺人シーン [1:40:46 ～ 1:41:30]

える。人類の祖先が空に向かって投げた武器（動物の骨）が，宇宙空間に浮かぶ武器（軍事衛星）に切り替わる[†1]。人類は進化の過程において，つねに好戦的な存在であったことを一瞬にして語る演出である[6]。

『アラビアのロレンス』（1962，デヴィッド・リーン）では，ロレンスが吹き消すマッチの火が，広大な砂漠に登る太陽に変わる[†2]。観客を一瞬にして，カイロの街から，炎熱の砂漠の旅へ引き込む。これらは，明確な意図を持った映像演出による省略の美と言えよう（**図 1.3**）。

図 1.3 『アラビアのロレンス』マッチの火から砂漠へ

1.2.8 作品のメッセージ

そして最も重要な視点として忘れてならないのは，「監督の視点」であり「脚本の視点」である。作品全体を貫く主張であり作品のテーマである。これを観客に伝えるにはどのような手法があるだろうか。主要な登場人物から離れて，作品のテーマを冷静に伝えるには，客観的な第三者の視点が有効である。

コーエン兄弟による作品の事例を見てみよう。エンディングに意外な語り部が登場する手法である。『ファーゴ』（1996）では殺人事件の展開の後，主人公マージの夫ノームが，最も平凡な人生の幸せを代弁する。『ビッグ・リボウスキ』（1998）では，バーに座っているだけだったザ・ストレンジャーが，人間の行動の虚しさを伝える語り部となる。『バーン・アフター・リーディング』（2008）でも，最後に物語をしめくくるのは物語にほぼ関与の無い CIA の上官であった。物語の中心にいない人物が語ることで，客観的なメッセージとなる。

『第三の男』（1949）のラストシーンでは，ウィーン郊外の墓地の路を広く映

---

† 1　『2001 年宇宙の旅』骨から宇宙へのジャンプカット ［0:19:41 〜 0:22:50］
† 2　『アラビアのロレンス』マッチの火から砂漠に登る太陽 ［0:17:38 〜 0:18:18］

した**ロングショット**が長く続く。監督のキャロル・リードは，観客が「この映画が伝えたかったこと」を考える時間をここに置いた†。『天国の日々』（1978，テレンス・マリック）では，それまで映画の語り部であったリンダが，ラストには放浪の旅に出てしまう。観客は自分自身に突き戻されて考え込むことになる。『バリー・リンドン』（1975，スタンリー・キューブリック）のエンディングも，「死んでしまえばみな同じ」というナレーションが強烈なメッセージとなっている。

1.3　スタンリー・キューブリック

　スタンリー・キューブリックは，まさに「完璧主義」の体現者であった。キューブリックは，脚本から，撮影，製作管理までのすべてを，自らのコントロール下に置いた。そして「作品のテーマに対する綿密な調査」をかかさず，「映像化のための機材開発」を続け，ほかに例の無い多くの名作を残した（**表**1.1）。

表1.1　スタンリー・キューブリックの代表的作品

作　品	参考シーン
『**博士の異常な愛情**』（1964） 全面核戦争の恐怖を描くブラックコメディ	米軍爆撃機における核攻撃プロセスの忠実な再現 ペンタゴンを象徴的に表現した威圧的な巨大セット
『**2001 年宇宙の旅**』（1968） 哲学的なテーマを映像化した傑作SF	宇宙における人類の存在意義を問う深遠な物語 科学的に再現された宇宙船／独創的な特殊撮影
『**時計じかけのオレンジ**』（1971） 近未来のディストピアを描く小説の映像化	社会の底辺で暴力にのみ生きた若者の末路を描く 手持ちカメラの映像が人間の内部の悪を描き出す
『**バリー・リンドン**』（1975） 18 世紀半ばのヨーロッパを忠実に再現	自分の身分を超えて貴族社会に挑む若者の運命 特殊レンズによる室内撮影／貴族社会風俗を映像化
『**シャイニング**』（1980） モダンホラー小説を独特の空間構成で描く	社会から隔絶された空間での惨劇を冷徹に描く 不気味なホテル空間で映画史初のステディカム撮影

---

†　『第三の男』ラストシーンのロングショット［1:39:10 ～ 1:40:30］

1.3.1　徹底した演出技法

　『博士の異常な愛情』(1964) は，全面核戦争の恐怖を描いた作品である[†]。原作であるピーター・ジョージの小説『破滅への二時間』は，核兵器による恐怖の均衡が破れたときの危機を描いたものである。スタンリー・キューブリックはこの原点を保ちつつ，映画化にあたっては全体をブラックコメディ SF として仕上げた。世界の運命を握る登場人物は，みな自分勝手な俗物として描かれている。前作の『ロリータ』(1962) に引き続き，名優ピーター・セラーズが 3 役を演じている。爆撃機の内部セットは，アメリカの軍事顧問が驚くほど正確に再現されている。

　『2001 年宇宙の旅』(1968) は，公開後 50 年を経た現在でも輝きを失わない SF 映画の金字塔である。アーサー C. クラークとキューブリックの共同で執筆された原作をもとに脚本化されたが，あえて深遠な謎を未解決のまま残す演出がこの作品を古びさせない核心となっている（**図 1.4**）。

図 1.4　『2001 年宇宙の旅』
人類の夜明けのシーン

　続く『時計じかけのオレンジ』(1971) は，近未来を舞台にした同名のディストピア小説をベースにしつつ，現実に起こり得る，若者たちの無責任で独善的な暴走を描いたものである。われわれの身近にも起こり得る悲劇の顛末を，スタイリッシュな美術と手持ちカメラによる衝撃的な映像で描いた。キューブリックが多用する左右対称の「一点透視の構図」も不気味さを盛り上げる。

1.3.2　撮影技法の開発

　少年時代からカメラに興味を持ち，高校卒業後には『ルック』誌でカメラマンの経験を通して映像表現のセンスを磨いた。映画作品では，構図や色彩，カ

[†]　この映画が製作された 60 年代は東西冷戦の時代であり，実際に米ソを中心とした全面核戦争の危機が身近に存在した。

メラワークを極限まで徹底して追求した。『バリー・リンドン』（1975）は，18世紀のヨーロッパが舞台である。貴族階級の生活や七年戦争における戦闘など，当時の人々の姿を綿密に表現した。NASA が人工衛星撮影用に開発した F 0.7 の高精細レンズを特別に入手し，当時の室内をローソクの光だけで撮影することに成功している。『シャイニング』（1980）では，ほかのホラー作品に類を見ない徹底した「映像表現の追求」を行っている。舞台となるホテルを巨大セットで再現し，ここで起きる惨劇を脚本の時間系列のまま撮影した。独特の浮遊感を持つカメラ移動は，開発されたばかりの「ステディカム」によるものであり，原作が持つ不気味さを映像化した。

1.4　アルフレッド・ヒッチコック

　優れた監督は「作品を計算し」コントロールする。作品の撮影に入る前の企画段階からすでに作品の全貌をつかみ，映像構成の計画を作ってしまえば，すべては監督の「思いのまま」の作品となるはずである。こうした制作方式を貫いた監督として，アルフレッド・ヒッチコックを紹介する（**表 1.2**）。

表 1.2　アルフレッド・ヒッチコックの代表的作品

作　品	参考シーン
『**めまい**』（1958） 高所恐怖症の主人公が翻弄される	高所恐怖症を表現するヒッチショット 被写体の周りを回転するカメラワーク
『**北北西に進路を取れ**』（1959） 架空の人物と間違われた男の逃避行	広大な麦畑で農薬散布飛行機に襲撃される ラシュモア山の絶壁でのクライマックス
『**サイコ**』（1960） 謎のモーテルで起きる殺人事件	ソール・バスによる精緻な映像デザイン シャワールーム殺人のフラッシュカット
『**鳥**』（1963） 凶暴な集団と化す鳥との戦い	緻密に積み上げられるサスペンスと恐怖 ロトスコープ技術で作られた鳥の SFX

1.4.1　計算し尽くされた演出

　アルフレッド・ヒッチコック作品の多くはスリラーであり，観客を作品の中に取り込み，不安と恐怖の渦に巻き込む。スリラー作品には，計算し尽くされ

たプロットと緻密な映像設計が重要である。些細なディテールカットの中にヒントを仕込み，意表を突く展開で観客を驚かせる。

『めまい』（1958）は高所恐怖症となってしまった男が，友人とその妻の陰謀に翻弄される。過去におきた不審な事件との関係が恐怖を引き起こす。『北北西に進路を取れ』（1959）は，架空のスパイと取り違えられた男の恐怖を描く。謎に包まれた展開の随所で当時の特撮技法を駆使した映像演出を見ることができる。崖道を疾走するオープンカー，ホテルロビーの窓外の景色，終盤の息詰まる追跡劇が展開する「ラシュモア山」など，いずれもスタジオセットでの背景画やスクリーンプロセスで撮影されている。また「麦畑での飛行機の襲撃シーン」もこの映画のハイライトの一つである。広大な麦畑のロングショットと緊迫感あふれるアクションカットとの対比に注目してほしい。

1.4.2　スリラー作品の演出

続いて製作された2作品はアルフレッド・ヒッチコックの全盛期に作られた傑作ホラーである。『サイコ』（1960）の主人公のマリオンは会社の資金を盗み逃亡するが，謎のモーテルに迷い込む。マリオンはその後シャワールームで襲われる。映画の教科書に取り上げられる有名な殺人シーンである。グラフィックデザイナーのソール・バスが，このシーンのストーリーボードを担当した。

さらに，映像化が難しい題材に挑んだ作品が『鳥』（1963）である。「動物パニック映画」の嚆矢である本作は「人間を襲う鳥の集団」の映像表現の可否にかかっていた（**図1.5**）。美術監督のロバート・ボイルとともに当時では不可能と言われた合成ショットに挑戦した（7.1.4

図1.5　『鳥』人間を襲う鳥の群衆

項参照）。ヒッチコックの映像表現技法は新しい題材に挑戦する過程で必然的に生まれたものであることを強調しておきたい。

1.5　黒澤　明

　国際的に評価の高い黒澤明の作品は，映画を学ぶうえでのこの上ない教材である。その画面にはつねに「静と動」の明確な演出があり，登場する人物には感情を体現する表情と躍動感あふれる動きがある（**表1.3**）。

表1.3　黒澤明の代表的作品

作　品	作品とストーリー
『生きる』（1952）	人生の大半を「事なかれ主義」で過ごしてきた主人公 癌による余命宣告を受け絶望の淵に立たされる
『蜘蛛巣城』（1957）	森の精霊の予言通りに，主君を殺して城主となった鷲津武時 自らの強欲のために滅びる（原作は『マクベス』）
『赤ひげ』（1965）	幕府の御典医への道が約束された若き医師，保本登が 貧民のための療養所で赤ひげに出会う（山本周五郎原作）
『デルス・ウザーラ』 （1975）	シベリアの大自然に生きる先住民の老猟師デルス・ウザーラ その無垢で美しい心と自然に生きる知恵
『乱』（1985）	血で血を洗う戦国時代，過去の因果を受けて分裂する一文字家 シェイクスピア『リア王』を原作とした一族崩壊の物語

1.5.1　人間の本質を描く

　映画作品とは究極的には「人間」の本質を描くものである。日本映画を代表する監督である黒澤明は生涯に30本の映画を残したが，そのすべての作品に「人間」に対する鋭い観察と深い愛情とが込められている。

　『生きる』（1952）は，定年を目前にして無気力な役人生活を続ける主人公が，死を目のあたりにして「生きる意味」を知り生涯最後の挑戦を始める。『赤ひげ』（1965）は山本周五郎の小説を脚色した。幕府御典医の道を約束されていた保本 登 は，療養所での過酷な体験を通して，自分の未熟さを知り人間としての生き方に目覚めていく（5.5.3項参照）。『デルス・ウザーラ』（1975）は，当時映画人として失意の中にあった黒澤明が，ソ連からの勧めで制作した唯一の外国映画である。黒澤明を尊敬するロシアの映画スタッフが集結して協力した。高校生のころからロシア文学に傾倒していた黒澤監督だからこそ描け

た作品である。極寒のシベリアを行く探検隊の隊長アルセーニエフと先住民の
デルスとの交流を描く。大自然の中で生きる素晴らしい知恵と清らかな心を
持ったデルスが，探検隊一行の苦難を救う。しかし，デルスは人間の文明に取
り残されていく。

1.5.2 戦国映画の大作

『蜘蛛巣城』（1957）は，日本の戦国時代の悲劇を描いているが，原作はシェ
イクスピアの『マクベス』である。乱世で自分が生き残るためには，上司や友
人までも切り捨てなければならない。自分の栄達と出世のみを求めた鷲津武時
は，自分の強欲さと罪のため，魔女の予言どおりに悲惨な最期を遂げる。彼の
姿は，現代の過酷な競争社会に生きるわれわれの姿にも重なって見える。

『乱』（1985）は，血で血を洗う戦国時代を舞台にした人間活劇である。家族
を惨殺されて癒えない悲しみを抱える女たち。その恨みを受け，因果応報の摂
理により崩壊してゆく一族の運命を描く。たがいに殺し合う宿命を背負った人
間の深い悲しみが描かれている。

1.5.3 演技と一体のカメラワーク

「カメラは理由もなく勝手に動いてはならない。」これは，黒澤明が自身に命
じた原則である。俳優の動きや物語の展開に関係のないカメラワークは，物語
への集中の邪魔になるだけである（**表**1.4）。

表1.4 黒澤作品に見る撮影技法

作品，撮影監督	参考シーン
『**羅生門**』（1950） 宮川一夫	土砂降りの雨の中の羅生門 事件が起きた深い森に入り込む樵
『**七人の侍**』（1954） 中井朝一	百姓と野武士の戦闘をリアリズムで描く 侍の旗を屋根に立てる菊千代，抜刀する島田勘兵衛
『**隠し砦の三悪人**』（1958） 山崎市雄	失踪する馬で郎等を追跡する真壁六郎太 六郎太のクローズアップ → 肩越しショット → 馬 を引く雪姫のロングショット

表1.4 (つづき)

『赤ひげ』(1965) 中井朝一	小石川療養所の病室と浅草寺ほおずき市 佐八とおなかの出会いと別れ
『影武者』(1980) 斎藤孝雄，上田正治	ワンカットで信玄と影武者を描くオープニング 俯瞰のロングショットで描く群像

1.5.4 マルチカヴァレッジとカメラワーク

『七人の侍』(1954) の戦闘シーンは，**マルチカヴァレッジ**で撮影された。随所で展開する戦闘の各瞬間を複数の視点から流れるように描いている。これらの各シーンは，「アクション」の絶妙なタイミングで編集される**マッチカット**(2.3.5項参照) となっており，「編集ポイント」自体が観客に意識されることがない。普段は穏やかな島田勘兵衛が，百姓達の勝手な行動を一喝する場面では，音もなく抜刀した勘兵衛とカメラが，まさに一体となって走り出す。戦闘で林田平八を失った後，「侍と百姓の旗」を屋根に立てる菊千代。これを追いかけるカメラは，1カットごとに違う方向に動く。悲しみにうちひしがれた後，物語の流れを覆す躍動的シーンとなっている。

1.5.5 圧縮された構図 ── 望遠レンズの活用 ──

黒澤作品を特徴づける撮影手法が「望遠レンズ」を用いた圧縮された構図である。3.2.3項で解説するように，望遠レンズを使って遠くの被写体を撮影した場合，被写体の前後の空間を一定の被写界深度の中に納めることができる。その結果，通常であれば前後に離れて見える対象でも，一枚の絵画の構図のような形に押し込めて配置できる。『七人の侍』で，勘兵衛に敬服した勝四郎と

図1.6 『七人の侍』勘兵衛を追いかける菊千代と勝四郎

菊千代が坂道を追いかけるシーンを見てみよう（**図1.6**）。三人の侍の姿が坂
道の上に美しく並び，この構図は勝四郎が縦方向に走っても崩れない。

1.5.6　日本の古典絵画のように描く

　カラーフィルムで撮影された『影武
者』では，さらに美しい望遠ショットを
堪能することができる（**図1.7**）。武田
軍の侍大将たちの色とりどりの衣装と相
俟^あって，ちょうど，圧縮された遠近法で
描かれた，鎌倉時代の絵巻物を見るよう
である。信玄の死後に行われた善光寺・

図1.7　『影武者』たった一度の
　　　　信玄との出会い

薪能の奉納シーン，諏訪湖のほとりに居並ぶ侍たちと影武者が対峙するシーン
など，望遠レンズによる構図はほかに類を見ない日本的美しさである。『赤ひ
げ』においても，この手法は随所で見られる。茶碗を割ってしまったおとよが
橋の上で物乞いをするシーンでは，行き来する町人や背後で見つめる保本登
が，一枚の絵画のように見える。小石川養生所の坂道を登る新出去定^{にいでさだ}^{きょじょう}と保本
や，谷中の坂道で別れを惜しむ佐八とおなかのシーンも無類の美しさである。
いずれも映画の映像空間が，ぎっしりと濃密に詰め込まれていながら，絵画の
ような見事な構図に配置されている。

1.5.7　黒澤作品のロングテイク

　『羅生門』（1950）冒頭，事件の発端となる樵のナレーションとともに始まる
シーンを見てみよう。「森の奥深くへ進む樵」を追う移動カメラは，八の字型
に敷かれたレールの上を移動している。志村喬演じる樵の動きを回転しながら
追いかける。謎めいたこの物語の導入にふさわしい幻惑感のある映像である。
このシーンは，森の木立に透けてギラつく太陽をカメラが直視し，鏡の反射に
よって森が不気味に輝くライティングなど，若き時代の撮影監督宮川一夫によ
る挑戦の証となっている。

『隠し砦の三悪人』における移動ショットの一例が，雪姫を捜す真壁六郎太のシーンである。郎等に騙された雪姫を心配する六郎太のクロースアップから，ワイドショットへ引き（周囲を捜し回る六郎太），その後，六郎太の肩越しショットで，坂道を登ってくる雪姫を見せる（**図1.8**）。

図1.8 『隠し砦の三悪人』雪姫を捜す六郎太を追うカメラワーク

1.5.8　静と動のコントラスト

黒澤作品は，物語の展開が「徐々に高まっていく緊張」と「突然の展開による緊張の緩和」の循環構造になっている。そのため，観客は物語の展開に飽きることなく，没頭して映画を楽しむことができる。映像演出とカメラワークにも，「静」と「動」の明確なコントラストがある。

『赤ひげ』における，臨終を迎える佐八のシーンを見てみよう。「長屋の布団に伏せる佐八」から，「雪の舞い散る店先」や「無数の風鈴が風に鳴るほおずき市」，あるいは「安政の大地震で崩れた街」へと映像が展開していく。これらの息を飲むような「視覚的な飛躍」によって，観客の心は佐八の悲劇的な過去へと誘われる。

物語のスピードが急展開する例を『隠し砦の三悪人』から紹介する。敵の目をのがれた一行が安堵してのんびりと街道を行く。そこへ突然，敵軍の偵察が現れ，六郎太が馬で追撃する。そしてさらには田所兵衛との死闘へとつながる。荷車を引く静かな旅が突然の戦いへとつながる，まさに「静」から「動」

への飛躍である。馬で疾走する六郎太の撮影は，カメラを水平方向に回転する**パン**を用いた（3.4.1項参照）。レール上をカメラが移動する**ドリー**よりも，パンのほうがより疾走感のある映像が得られた†。

演 習 問 題

〔**1.1**〕　『パルプ・フィクション』のような作品において，時間の流れと物語との関係について考えてみよう。

〔**1.2**〕　『ノー・カントリー』のように，追跡する者と追われる者の関係を描く映画で，シーンごとの主観の設定について考えてみよう。

〔**1.3**〕　スタンリー・キューブリックの作品のいくつかを観て，それらの作品に内在するテーマとその多様性について考えてみよう。

〔**1.4**〕　アルフレッド・ヒッチコックの作品において，サスペンスを盛り上げて観客を惹きつける効果がどのように生まれるのか調べてみよう。

---

†　疾走する馬を撮影するこの技法は，ジョン・フォードに教えられたという。

2章 編集技法
——映像の時空間を操る——

◆ 本章のテーマ

　編集技法は映像作品の物語を観客に伝える最も重要な技法である。映像のテンポや
リズムを作り，その良し悪しで作品が傑作にも駄作にもなるのが編集である。映画監
督が編集作業に時間と労力を注ぎ込むのはそのためである。本章では，映画史におけ
る「編集の発見」までさかのぼり，具体的に編集技法のさまざまな事例を紹介する。
編集とは素材の取捨選択と試行錯誤を繰り返す忍耐のプロセスでもあるが，皮肉なこ
とに良くできた作品ほど観客は映像に没入して「編集」に気づかない。映像を学ぶみ
なさんには，参考作品を詳細に見つつ編集技法の実際を探究してほしい。

◆ 本章の構成（キーワード）

2.1　映像編集の基本ルール
　　　　カット，シーン，シークエンス，テンポ，リズム
2.2　編集技法の歴史
　　　　シネマトグラフ，主観ショット，モンタージュ理論，クレショフ効果
2.3　映像の連続性を保つ技法
　　　　コンティニュイティ編集，インヴィジブル編集，イマジナリーライン，
　　　　リアクションショット，アイラインマッチ，マッチカット
2.4　演出的な編集技法
　　　　カットアウェイ，インサートショット，ディティールカット，
　　　　ジャンプカット，フラッシュバック，トランジション
2.5　時間と空間をコントロールする
　　　　パラレル編集，クロスカッティング，同時的カットバック
2.6　編集技法の優先順位
　　　　ウォルター・マーチの編集技法，映像の時間と空間

◆ 本章を学ぶと以下の内容をマスターできます

☞　映像編集技法の基本的なルールと概念
☞　映画の歴史において先駆者が生み出した編集技法
☞　著名監督映画に見る編集技法の実際
☞　映像作品における時間と空間の感覚を作り出す方法

2.1	映像編集の基本ルール

　007 シリーズ初期の傑作を手掛けた名匠テレンス・ヤングは「映画は編集室で生まれる」と語った。映像編集の作業を通して，映像にはリズムとテンポが生まれ，さまざまなカットの連続が物語を作り出す。本節では，編集技法の基本的なルールを学ぶ。

2.1.1　映像の最小単位

　そもそも映画とは，1/24 秒という瞬間に映される静止画像の連続である[†]。それが「動く映像」に見えるのは，人間の知覚の性質によるものである。人間は 1/18 秒より短い感覚の知覚刺激を区別できず[1)]，また人間の視覚には残像が残るため，個別の映像がとぎれのない連続として認識されるのである。映画は**カット**，**シーン**，**シークエンス**という 3 種類の単位で構成されている。カット，あるいは**ショット**は，一つの空間で継続する映像の最小単位である。共通の空間と時間を表現するカットがつなげられたものがシーンである。シーンが組み合わされ，一つの物語の展開を構成するのがシークエンスである。

2.1.2　映像のペースを作る

　映像においては，ある意味で時間と空間は相関関係にある。同じ映像でも，画角のサイズや情報量によって感じる時間の長さは変わる。例えば「顔のアップ」と「全身」の二つのショットでは，「顔のアップ」のほうが長い（遅い）時間として感じられる。大きな顔の圧迫感もあるが，「全身ショット」に比べてそこには読み取るべき情報が少ないからである。街や自然の風景を写したワイドショットは情報量が多く，それを読み取ろうとする観客にとっては，短い（速い）時間として感じられる。アクションの多いカットは動きの少ないカットよりも短く感じられる。

---

　†　映画は 1 秒で 24 コマだが，日本の TV 放送では 30 コマ／60 フレームである。

2.1.3　最小で最大を語る

　編集によって，映像作品に時間の流れの**ペース**，**テンポ**，**リズム**が生み出され，カットがカットを呼び込むような自然な編集に観客は心を奪われる。世界的な編集技術者，ウォルター・マーチはこう語る。

　　*「基本法則は常に最小限で最大限を語ろうと努力することだ。（中略）作り手がやらなければならない唯一のことが，観客の想像力をかきたてること」*であり，

　　「それをするには説明よりも暗示のほうが絶対的に効果があるからだ。」[2]

　編集作業とは，不要な部分を取り除きながら，理想的な映像のペースを一から作っていく作業であると言えよう。

2.1.4　人間の心理的な表現を作る

　映画監督のジョン・ヒューストン[†]は映画について

　　「思考に最も近い芸術が映画である。」[2]

と語る。以下，ヒューストンが編集技法について語った言葉を紹介する。

　　「完璧な映画というものは，目の内側で解きほぐされるものです。目そのものが映写している，つまり自分の見たいものを見ているわけですね。」[2]

　絵画や写真とは違い映画には時間の流れが存在する。**編集技法**は映像素材の断片をつなぎ合わせることで，見る人の心さまざまな思考や感情を呼び起こし感動を生み出す。

　　「この部屋の向こう側にある，あのランプを見てご覧なさい。次に私を見て。またあのランプを見て。また私に戻って。いまあなたが何をしていたか分かりますか？ 瞬きですよ。瞬きはカットです。最初にランプを見たとき，私とランプの間に何があるのか，あなたはすでに知っていましたから，継続的にパンする必要がなかった。そこであなたの頭脳が勝手にシーンをカットしたのです。」[2]

2.1.5　カットと瞬きの関係を理解する

　ジョン・ヒューストンの言葉について，ウォルター・マーチは解説する。

---

　† 『マルタの鷹』（1941）や『許されざる者』（1960）など，骨太で男性的な作品を数多く残した。俳優として『チャイナタウン』（1974）などに出演した。

「*生理現象としての『瞬き』が，明瞭に知覚されているビジュアルの継続性を中断しているということである。〈中略〉必要なものだけを並列させて比較するために，その間にある余計な情報をあえて見ないようにしている。*」[2]

人間は，日常生活の中でもその思考の区切りに「瞬き」というカットポイントを入れ，見るものを頭の中で編集している可能性がある。本来は断片の継ぎ合せにすぎない映像が，連続した一連の出来事として理解されるのは，こうした人間の心理や視覚の性質によるものなのかもしれない[†1]。

2.2 編集技法の歴史

世界初の映画には「編集」という概念はなかった。しかしその後，先駆的な映画人によって，つぎつぎと編集技法が発明されて映像表現の可能性は広がっていく。本節では編集技法が発見され，改良されていく初期の歴史を学ぶ。

2.2.1 編集の無い映画［リュミエール兄弟］

1895年に世界初の映画として公開されたのが，**リュミエール兄弟**による**シネマトグラフ**であった。12月28日，パリにあるグランカフェ地下において『工場の出口』ほか10本が上映された。シネマトグラフは手回し式のカメラ兼投影機であり，17メートル（56フィート）のフィルムを使用して，約50秒の映像を撮影することができた。しかし，当時はまだ「編集」という概念は無かった。リュミエール兄弟は，工場の労働者や，駅に到着する列車，パリの人々の生活などを多数記録した[†2]。しかしこれらを見るために観客が劇場まで来るとは思われず，リュミエール兄弟にとって，シネマトグラフは商業的な価値とは無縁の「未来の無い発明」に過ぎなかった。

[†1] ウォルター・マーチは，ジーン・ハックマンの演技を編集していたとき，カットのタイミングと俳優の眼の「瞬き」が必ず一致するということを発見した。

[†2] 映画の原点となるフィルムが1 422本現存する。2017年，これらから厳選された108本が4K技術で修復されて，映画『リュミエール！』（2017，ティエリー・フレモー）に収録された。

2.2.2　編集の発見 ［エドウィン S. ポーター］

「編集」という技法を発見して映画の未来を拓いたのは，エドウィン S. ポーターである。彼は，別々に撮影されたショット同士をバラバラにつなぎ合わせてみる実験を行った。第 1 作目の『アメリカ消防士の生活』（1903）では，「燃えるアパートの一室」と「出動する消防自動車」「助け出される母子」など，別々のカットが組み合わされても，それが一連の出来事として認識できることがわかった。このとき，人類は，映画における「編集」を初めて意識的に使い始めたのである。じつに，ライト兄弟による飛行機の発明と同年の 1903 年のことである。その後，ポーターは初の西部劇と言われる『大列車強盗』（1903）を制作し，映画が本格的なエンタテインメントになり得ることを示した。

2.2.3　映画の父 ［D. W. グリフィス］

　さらに，ショットをさまざまな形でつなぐことで，より劇的な効果を生み出せることに成功したのが，D. W. グリフィス[†1]である。彼は映画文法の基礎を築いた功績により「映画の父」と称えられる。彼は，映画初期における数百にもおよぶ作品を制作する過程で，**主観ショット**[†2]，**クロースアップ**のほかに，**クロスカッティング**や**フラッシュバック**といった，映画作法の基礎となる数々の編集手法を編み出した。グリフィスはこの功績により，映画を視覚的な表現芸術として確立したと言われる。

2.2.4　ロシアのモンタージュ理論 ［S. エイゼンシュテイン］

　同じころ，ソビエト・ロシアでは別の形での編集技法の研究が進んでいた。S. エイゼンシュテインが名作『戦艦ポチョムキン』（1925）などで実践した**モンタージュ**（Montage）**理論**である。ロシアの社会主義政権は映画を重要な芸術として位置付け，民衆にイデオロギーや思想を伝達するメディアとして利用

---

†1　450 本もの作品の製作過程で映画文法の基本を確立。シネラマ大作『國民の創生』（1915）で不滅の興行記録を作る。

†2　ある登場人物の視野，あるいは想像している世界を表すようなカメラの使い方。

した。ロシアにおける映画編集技術は，娯楽としての表現よりも，人間の心理
を操ることに主眼を置いたのである。最も有名な例が**クレショフ効果**†と呼ば
れる実験であろう。モンタージュ理論は，抽象的な観念の表現に映像を活用
し，政治的プロパガンダを伝搬するツールとするために研究された。しかし，
モンタージュ理論によって生み出された技法は，現代の映像表現においても非
常に有効なものが多い。象徴的なイメージを使って抽象的概念を表現する技法
や，主人公の感情や状況を比喩的に描く技法は，現代における編集技法におけ
る基礎となっている。

2.3　映像の連続性を保つ技法

　編集技法の重要な役割は，**映像の連続性**を保つことである。本節では，映像
作品が自然なつながりを持って観客に認知されて，作品のメッセージが伝わる
ための編集技法のルールについて解説する（**表2.1**）。

表2.1　連続性を保つ編集技法

編集技法名	技法の意味	注意点・補足
コンティニュイティ編集	編集点に気づかれないスムーズな編集	インヴィジブル編集とも呼ばれる
切返しショット	先行するカットと逆の方向の撮影	イマジナリーラインを超えない
リアクションショット	俳優の表情や反応を入れた編集	観客の俳優への共感を誘導できる
アイラインマッチ	俳優の視線の向きと合わせる	つぎのカットを視線の角度に合わせる
マッチカット	似た形状の映像をつなぐ	俳優の動きでつなぐこともある
ダイレクトカット	カットとカットを直接つなぐ	カットが瞬間的に切り替わる
トランジション	つぎのカットへ徐々に変化する	エピソードの新しい展開に用いる

---

†　映像の組合せ次第で表現の意味が変わる編集の効果。「人物の顔」と「スープ皿」を
　交互に出すと「空腹を感じる人」になる。

2.3.1 コンティニュイティ編集

個々のシーンの物語の流れを維持し，アクションの継続性や連続性を保ちながら，観客にリアリティ感を抱かせるような映像編集を**コンティニュイティ編集**と呼ぶ。連続性を最大限に高め，カットの継ぎ目を感じさせず，編集していること自体を意識させないようにするため，**インヴィジブル編集**とも呼ばれる。**図 2.1** に示す事例のように，『七人の侍』（1954，黒澤明）からは，俳優の動きや画面構図に合わせた見事なインヴィジブル編集の技法を数多く学ぶことができる。

図 2.1　『七人の侍』編集点を感じさせない編集の例

2.3.2 アングルとサイズのルール

映像演出において映像の連続性をキープする第 1 のルールは，連続したカットの「アングルやサイズを変える」ことである。似たアングルや似た画角サイズのショットをつないだ編集は観客に「受け入れがたい」印象をもたらす。カメラのアングルも，少なくとも 30° 以上は変化させるべきである。映像編集においては，「非連続」であるショットが「連続したもの」として感じられる[†]。

2.3.3 切返しショットとイマジナリーライン

映像作品の中では二人の登場人物が対話するシーンが非常に多い。こうしたシーンにおいては，**切返しショット**（リバースショット）が用いられる。先行

---

†　ウォルター・マーチはこれについて，ミツバチを使った実験で説明する。ミツバチが留守の間に巣箱の位置を移動してみる。移動距離が大きいとミツバチはそれに気がつくが，2 メートル程度の移動ではすっかり混乱してしまうという。

するカットと逆の方向のカットをつなぎ，対話の連続性を表現するとともに，**ツーショット**が連続する冗長さを回避する。

切返しショットが，破綻せずに連続性を保つために重要な概念が，**イマジナリーライン**である[†1]。「対面する二人の立ち位置を結んだ想像上の線」のことで，カメラがこの線をまたいで切返しショットを行うと，それらを編集した結果として二人の俳優の位置関係が逆に見えてしまう（**図 2.2**）。観客に方向性の混乱を与えるため，これを避けなければならない（カメラ D の位置）[†2]。

図 2.2 切返しショットにおけるイマジナリーライン

2.3.4 リアクションとアイラインマッチ

切返しショットにおいては，俳優の**リアクション**を描くことが非常に重要である。このショットを**リアクションショット**と言い，これにクロースアップを用いることで，観客の共感や同一化を引き出すことができる。自然なリアク

---

†1 「対話軸」や「180 度ライン」とも呼ばれる。
†2 イマジナリーラインは，映画における編集の基本原則であった。しかし，ほかに優先すべきことがある場合には必須ではない。またスピード感のあるアクションにおいては，むしろ積極的にこのルールを破る傾向もある。『トリプル X』（2002）において，ロブ・コーエンは，積極的にルールを破り全方位的なショットを切り結ぶ冴えた編集を見せている。

ションをつくるためには，**アイラインマッチ**が重要である。登場人物がフレームの外にあるなにかを見つめているショットのつぎには，その人物のアイライン（視線）と同じ高さにある人物，あるいは物体のショットにつなぐべきである。

　リアクションを用いた編集によって，登場人物に対する観客の心理を誘導することができる。登場人物のリアクションにおける感情や表情，リアクションの時間的長さやタイミングによって，登場人物は「信頼できる好ましい人物」にもなれば「疑わしいキャラクター」にもなる。

2.3.5　マッチカット

　マッチカットには，形状のマッチカットと動作のマッチカットがある。前者は「開いた傘」と「ひまわり」など，似た形状のカット同士をつなぐ手法である。どちらも類似した「円形」であることから自然なつながりが得られる[3)]。

　形状のマッチカットの例は，『サイコ』（1960，アルフレッド・ヒッチコック）のバスルームでの殺人シーンに見ることができる[†1]。殺された女性の「眼」と，水が流れ続ける「排水溝の穴」が不気味な二重写しとなる（**図 2.3**）。『未知との遭遇』（1977，スティーヴン・スピルバーグ）では，デビルズタワーの特殊な形状によって，登場人物の関係が明らかになり，中盤の物語が展開する[†2]。

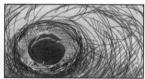

図 2.3　マッチカットを使った『サイコ』の殺人シーン

　動作のマッチカットは，俳優の動きのタイミングに合わせてつなぐ手法である。前後二つのカットのアングルやサイズが違っても，編集点が気づかれない

---

† 1　『サイコ』シャワールームの殺人シーン［0:47:25 ～ 0:49:30］
† 2　『未知との遭遇』デビルズタワーのマッチカット［1:14:30 ～ 1:15:33］

ほどのスムーズなつながりとなる。『カールじいさんの空飛ぶ家』（2009，ピート・ドクターほか）では，最愛の妻を亡くしたカールが葬儀から家に帰るカットで使われた。悲しいシーンの締めくくりとなる鮮やかな編集である[†1]。

2.3.6　トランジション

　カットからつぎのカットへ，瞬間的に切り替わる通常の編集を**ダイレクトカット**と言う。これに対して，あるカットからつぎのカットへ，徐々に変化する**クロスディゾルブ**や**ワイプ**など，特殊な変化を伴う効果を**トランジション**と言う。映画の中で新しいエピソードに移る場合などに，気分を変えつつ自然な形で，観客を新しい物語の展開へいざなうのに有効である。

　『スター・ウォーズ EP.4 新たなる希望』（1977，ジョージ・ルーカス）では，惑星タトゥイーンの砂漠のシーンなどで，物語の展開を表現するワイプが使われていた[†2]。これは『隠し砦の三悪人』（1958，黒澤明）で敵陣を突破する主人公たちを描く道中で使われた，時間飛ばしのトランジションなど，黒澤作品へのオマージュであろう[†3]。

2.4　演出的な編集技法

　本節では，実際に映像演出に必要な編集技法やその応用について解説する。比喩的表現や対比による象徴的な表現，あるいは映像の時間や空間を操作することができる，各種の編集技法を見ていこう（**表2.2**）。

表2.2　演出的な編集技法のバリエーション

編集技法名	技法の意味	注意点・補足
カットアウェイ	現状の流れを中断してほかを写す	対比や象徴的な表現もできる
インサートショット	シーンの途中でなにかを写す	物語の鍵やヒントを示す

†1　『カールじいさんの空飛ぶ家』教会から家への移動 ［0:10:30 ～ 0:11:33］
†2　『スター・ウォーズ EP.4』チューバッカの動きでワイプ ［0:47:30 ～ 0:47:34］
†3　『隠し砦の三悪人』真壁六郎太（三船敏郎）の動き ［0:47:35 ～ 0:47:38］

表 2.2　（つづき）

編集技法名	技法の意味	注意点・補足
ディティールカット	クロースアップのインサート	重要な情報や問題などを示す
ジャンプカット	時間が連続しないカット	不安定なシーン，主人公の動揺
フラッシュバック	現在時間よりも過去に飛ぶ	物語の原因や秘密を解き明かす
フラッシュフォワード	現在時間よりも未来に飛ぶ	登場人物の運命や未来を暗示する

2.4.1　カットアウェイ

　シーンの主体と離れて別の対象に飛ぶ編集は，**カットアウェイ**と呼ばれる。主となる物語の流れを一時的に中断して，なにかほかのものを見せるショット。主人公が見ているものを示す場合もある。のちに紹介するカットバック（並列的編集）の一例とも言えるが，コンティニュイティ編集の途中であえて用いることで，さまざまな効果を生み出す。『ゴースト／ニューヨークの幻』（1990，ジェリー・ザッカー）で，モリーが家で暴漢に襲われるシーンを見てみよう。

　このシーンの途中には，それを見ている飼い猫のショットが挟まれる。物語の流れを止めて新たな展開を引き出すとともに，このシーンに第三者的な視点を導入した効果的なカットである。カットアウェイは，殺人シーンなどで，好ましくないカットを，なにか別なものに置き換えるために使うこともできる。

2.4.2　比喩的な表現

　『地獄の黙示録』（1979，フランシス F. コッポラ）の終盤におけるカーツ大佐暗殺のシーンでは，アクションの途中に現地人によって生贄とされる水牛の映像が短く挟まれる。カーツ大佐もまた，戦時下における悲劇が生んだ生贄であるかもしれないことを，比喩的に表現している[†]。

---

†　『地獄の黙示録』カーツ大佐と水牛のカットアウェイ［2:16:25 〜 2:19:55］

　テレンス・マリックは，カットアウェイを象徴的に使う名手である。『天国
の日々』（1978）や，『シン・レッド・ライン』（1998）において「人間社会の
混沌」に対比する形で，鳥や植物などの「無垢な姿」のカットを入れる。後者
では陰惨な戦闘シーンと美しい自然の対比で，戦争の無益さを伝える[†1]。

　『太陽がいっぱい』（1960，ルネ・クレマン）では，殺人シーンの合間に幽霊
船のようなヨットの映像が挟まれる。リプリーに殺害された友人フィリップの
亡霊のように見える。鳥肌が立つようなカットが悲劇的な結末を暗示する[†2]。

2.4.3　インサートショットとディティールカット

　カットの途中に挟まれる短いショットを**インサートショット**という。その
シーンのメインの流れの中で，なにか重要なものや主人公が見ているものなど
が映し出される。手に持ったチケットのアップショット，読んでいる新聞の記
事，主人公が見た通行人の顔など。

　ディテールカットは，クロースアップによる詳細なショットであり，観客に
物語のヒントのありかを示す。「手に握られたペン先」のアップは，そのペン
が凶器として使われるかもしれないという憶測やサスペンスを生む。「乱れた
心電図」は，登場人物の容体に異変がおきたことを示唆する。

2.4.4　ジャンプカット

　二つのショット間に断絶や大きな飛躍のある編集を**ジャンプカット**と呼ぶ。
あるショットの一部分を除去し，あえて関係性の遠い二つのカットをつなぐこ
とで，時間や空間が飛んでしまった印象を生む。

　『勝手にしやがれ』（1959，ジャン＝リュック・ゴダール）では，ミシェルが
警官に止められて拳銃で警官を撃つ。このシーンにおけるジャンプカットは，
彼の精神が混乱した状況を表すうえで効果的であった[4]。

---

†1　『シン・レッド・ライン』戦闘シーンと鳥の対比［0:50:33 ～ 0:51:05］
†2　『太陽がいっぱい』波風に揺れるヨット［0:41:05 ～ 0:41:40］

2.4.5 過去や未来に飛ぶ

映画の展開における「現在時間」よりも前に起こったエピソードやシーンを提示することを，**フラッシュバック**と言う。映画の中で起きている状況の原因となったことや，重要な秘密を解き明かすためにも用いられる。フラッシュバックは，ある登場人物が過去のなにかを思い出すような主観ショットであることが多い。暗黒街を描いたフィルム・ノワールの作品などで主人公が縛られている過去を効果的に表現するすることができる。**フラッシュフォワード**は，その逆に主人公たちの未来を提示する。

2.5   時間と空間をコントロールする

これまでは，ある一つの場所や空間で進められる物語，ある一つの時間で進む会話などについて，映像編集の技法について学んできた。ここでは，場所や時間を自由にコントロールする編集の手法について考えてみよう。「パラレル編集」あるいは「パラレルカット」と呼ばれる手法は，映画制作の初期において，すでにグリフィスが開発して作品のクライマックスシーンなどに用いていたのである（**表**2.3）。また，スローモーションなどの手法を交えて，映像の

表2.3　パラレル編集のバリエーションと具体事例

パラレルカットの種類	表現される事象の例	映画作品と参考シーン
「同じ時間」「違う場所」	犯人を追跡する刑事	『フレンチ・コネクション』（1971）逃亡する犯人を車で追跡する刑事
	墜落するヘリコプター	『ブラックホーク・ダウン』（2001）上空のヘリコプターと地上などを描く
	洗礼シーンと殺戮の対比	『ゴッドファーザー』（1972）ラストシーン
「違う時間」「同じ場所」	過去の自分を回想する	『メメント』（2000）自分の記憶をたどる
	部屋に泥棒が入っていた	『ゴースト/ニューヨークの幻』（1990）犯人が部屋に侵入していた
「違う時間」「違う場所」	違う時代を交互に表現	『イントレランス』（1916）歴史的表現
	現実と白日夢を行き来する	『LIFE！』（2013）主人公ミティの白日夢

時間を自在に操る編集手法も紹介する。

2.5.1　パラレル編集

　二つ以上の異なったシーンからのショットを交互につなぐことを，**パラレル編集**，あるいは**クロスカッティング**と呼ぶ。基本的には二つ以上の出来事が，異なった時間や空間で起きていることを表現する編集技法である。表2.3に示すように，パラレル編集には，「時間と空間の関係」によって，おもに3種の編集技法がある。

　まず，「同じ時間」「違う場所」のパラレル編集だが，これは映画のクライマックスなどでよく使われ，**同時的カットバック**とも呼ばれる。例えば「逃走する犯人と追いかける刑事」や「事故現場とそれに向かう救助隊」など，別々の場所で同時進行するストーリーを交互に描き，緊張感を高めることができる。この編集技法を発明したグリフィスは，自身の作品中では土壇場での救出場面を盛り上げるために多用した。

　「違う時間」「同じ場所」のパラレル編集は，現在描かれている場所で，過去や未来に起きるなにかが明らかになる。「主人公が過去を振り返る回想」や，「主人公の知らぬ間にだれかが部屋に侵入した」などの表現で用いられる。

　「違う時間」「違う場所」は，『イントレランス』(1916，D. W. グリフィス) において，違う時代の歴史を交互に表現するために用いられた。この手法は，『ゴースト/ニューヨークの幻』において，主人公のサムが暴漢に襲われて死んでしまった後も，そのことを受け入れられずに，混乱する彼の心理的表現に用いられた[†]。

2.5.2　パラレル編集を用いた名シーン

　『フレンチ・コネクション』(1971，ウィリアム・フリードキン) における，カーチェイスシーンは，パラレル編集を用いた名シーンである。電車で逃走す

---

†　『ゴースト/ニューヨークの幻』死を理解できないサムの心理表現［0:20:20 ～ 0:23:05］

る凶悪な麻薬犯を，ジーン・ハックマン演じるポパイ刑事が追跡する決死の
カーアクションである。このシーンでは，同時進行する出来事を高いテンショ
ンで，二つの視点から明確に描き分けることに成功している[†1]。

『ゴッドファーザー』（1972，フランシス F. コッポラ）は，ラストシーンの
中で「教会での洗礼」と「銃撃戦」という正反対のエピソードを交互に描くこ
とで，人間社会における清濁の「衝撃的な対比」を表現した[†2]。

『ブラックホーク・ダウン』（2001，リドリー・スコット）では，ソマリアの
市街戦におけるヘリコプターの墜落という緊迫したシーンの展開を見ることが
できる[†3]（**図 2.4**）。ヘリコプター内のパイロット，地上のソマリア民兵，地
上の米軍兵士，基地の司令官，という離れた複数の別々視点から，同時進行的
に描いた見事な事例である。

図 2.4 『ブラックホーク・ダウン』パラレル編集による墜落シーン

2.5.3 アクションの時空間をコントロールする

時間の流れの違う映像を組み合わせることで，映像にはペースが生まれる。
サム・ペキンパーは『ワイルドバンチ』（1969）における銃撃戦の場面で，ス
ローモーション撮影によるカットと，通常のカットを組み合わせて編集するこ

---

†1 『フレンチ・コネクション』犯人と刑事を並行して描く ［1:09:40 〜 1:16:55］
†2 『ゴッドファーザー』善と悪の対比的表現 ［1:09:40 〜 1:16:55］
†3 『ブラックホーク・ダウン』戦闘ヘリコプターの墜落 ［0:51:00 〜 0:53:25］

とで，闘う登場人物の心理的な時間を表現することに挑戦した[†1]。

『ジェヴォーダンの獣』（2001，クリストフ・ガンズ）では，先住民マニの超人的な決闘シーンがるが，さまざまな種類のカットを細かく組み合わせてアクションを構成し，自由自在に時空間をコントロールする見事な編集となっている[†2]（図2.5）。

図2.5 『ジェヴォーダンの獣』時空間をコントロールする編集

2.6 編集技法の優先順位

これまで，映像の編集において重要なことは「連続性をキープする」ことと学んできた。映像の連続性を考慮するうえで，必要な要素としてここでは**スクリーンディレクション**という概念を紹介する。スクリーンディレクションには，2次元と3次元の2種類がある。これは，これまで学んできた編集の連続性のルールの一つである。

ところで，編集のルールには，優先順位というものが存在するのだろうか？より複雑な編集作業においては，こうした疑問に突きあたり，難しい選択を迫られることがある。

---

† 1 『ワイルドバンチ』馬上で狙撃されるスローモーション［0:10:18 〜 0:14:04］
† 2 『ジェヴォーダンの獣』狩りの途中での武闘アクション［0:24:05 〜 0:26;50］

2.6.1　編集技法の優先順位

ウォルター・マーチが自らの豊富な経験から，編集技法における優先順位として「六つのルール」を紹介している（**表 2.4**）。

表 2.4　ウォルター・マーチによる編集の条件と優先順位[2]

優先順位	カット六つの条件	重要度ポイント
1	瞬間の感情に忠実であるか	51
2	ストーリーを進めているか	23
3	リズムに面白みがあるか	10
4	視線を意識しているか	7
5	スクリーン上の方向の重視	5
6	3 次元的位置関係の維持	4

このルールは，いずれも自然な編集の流れのために重要なものである。編集時の決断には「優先順位」があり，マーチはその重要度を実体験に基づくポイントの大きさで表している†。通常は，編集におけるルールとして，真っ先に紹介されるはずのスクリーン上の方向や空間の整合性の重要度が低めとなっているのが興味深い。「感情がきちんと表現され，ストーリーが独創的な興味深いかたちで進められ，リズムが適している映像を見ると，観客は，例えば空間的継続性やステージラインや視線といった重要度の低い分野における編集上の欠陥があっても気づかない」という。なによりも「感情」がしっかりと描かれて，「ストーリーが進んでいる」ことが重要なのである。

2.6.2　スクリーンディレクション

スクリーンディレクションは，「画面の方向性の連続性」として扱われる重要な要素である。スクリーンの方向を 2 次元的に見るものと，映像空間の 3 次元的方向性を意識するものの 2 種類がある（**図 2.6**）。編集においてこれらが統一されないと，観客は映画の空間で物語が進む方向性が理解できなくなる。

---

†　ここで言う「視線」とは，観客の興味の焦点となる画面内の事物や動きのこと。「平面性」とはスクリーン上での 2 次元的方向を維持する基本原則。「3 次元における継続性」は空間での位置関係が正しいことを意味する。

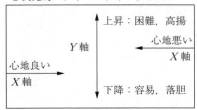

（a）　2次元的平面における
　　　　X軸とY軸の動き

（b）　Z軸に沿った奥行きの動き

図2.6　2次元と3次元のスクリーンディレクション[3]

ジョン・バダムは，近年の大作映画ですら，スクリーンディレクションが理解しにくいアクションシーンが増えていることを指摘している[5]。

また二つのキャラクターが別々に移動する場合にも，それぞれの動きのスクリーンディレクションを設定してそれを維持することで，それぞれの状況を整理して理解しやすくなる。

演 習 問 題

〔2.1〕　『七人の侍』を鑑賞して，この名作の随所で使われているインヴィジブルカット（見えない編集）の実例を探して考察してみよう。

〔2.2〕　マッチカットの事例を見て考察してみよう。
　　　　例：『サイコ』シャワールームのシーン。『未知との遭遇』中盤に使われるデビルズタワーの形状。

〔2.3〕　パラレル編集の事例を分析してみよう。
　　　　例：『フレンチ・コネクション』のカーチェイス。『ブラックホーク・ダウン』の墜落シーンなど。

3章 撮影技法
——光で世界を描く——

◆ **本章のテーマ**

カメラによる撮影技法は，映像作品の美しさを決定するものである。撮影監督は，カメラやレンズの特性を理解し，幅広い撮影技法に精通していなければならない。画面の構図や配色を決めるセンスも重要で，日ごろから絵画などの美術作品から学ぶことも必要である。本章ではまず，優れた撮影技法による映画の名シーンの例を紹介する。それらの映像が，どのような撮影手法によって実現したのか，カメラマンがどのようにして「理想的な光」を作り上げたのか，その具体的な手法を詳しく見ていこう。さらに，映像でストーリーを語るカメラワークの実際や，撮影現場における斬新なアイデアなど，撮影技法のポイントを学んでいこう。

◆ **本章の構成（キーワード）**

3.1 光で描く
   フォトグラフ，D.O.P，撮影監督，マスターズオブライト，
   アベイラブルライト，ドキュメンタリータッチ

3.2 カメラの構造と撮影の原理
   焦点距離，被写界深度，パンフォーカス，シャロウフォーカス

3.3 ショットサイズと構図
   ショットサイズ，パンとティルト，カメラアングル，マスターショット

3.4 カメラワーク
   ズームとドリー，ヒッチコックショット，特殊な機材によるカメラワーク

3.5 ライティングの基本技法
   基本的なライティング，照明のトーンと絵画的リファレンス

◆ **本章を学ぶと以下の内容をマスターできます**

☞ 名作映画の実例から学ぶ撮影技法の実際
☞ 撮影監督の仕事
☞ カメラの構造と撮影技法の関係

3.1　光　で　描　く

フォトグラフ（写真）という言葉は，「フォトス（光）」と「グラファイン（描く）」の二つのギリシア語からできている。カメラマンが映像を撮影するということは，「光を使って描く」ということを意味する。

3.1.1　マスターズオブライト

映画のオープニングで，監督の名前と並んで登場する重要なクレジットが，D.O.P（director of photography）である。これは**撮影監督**のことで，このいかめしい肩書きが示すように，彼は映像の品質総責任者である。ときに自分たちを軽くカメラマンと呼ぶが，撮影技法の幅広い知識とアイデアを持ち，映像の色調や構図など，作品の**ビジュアルスタイル**を決定する重要な役職である。

監督とともに撮影スタッフを統括し，撮影現場の条件や俳優の演技を的確に捉え，最高の撮影方法で物語を語るのである。そのため，彼らは**マスターズオブライト**（光の巨匠たち）とも呼ばれる[1]。続いて，こうした撮影監督たちによる優れた映像の事例を見ていこう（**表3.1**）。

表3.1　優れた撮影監督による撮影技法を学ぶ映画

映画作品／撮影監督	参考シーン
『天国の日々』（1978） ネストール・アルメンドロス	大自然に囲まれた小麦栽培農園で働く人々。 美しい自然光を極限まで活用した映画史に残る撮影。
『未知との遭遇』（1977） ヴィルモス・スィグモンド	飛翔するUFOから放たれる光の洪水。 フィルムの色彩をあえて抑えずに撮影。
『ゴッドファーザー』（1972） ゴードン・ウィリス	ファミリーを取り巻く暗黒街の策謀と闘争。 低照度によるゴールデンアンバー画質。
『暗殺の森』（1970） ヴィットリオ・ストラーロ	イタリアにおける戦争と退廃。 光と影のコンポジションを巧みに生かす構図。
『ペーパー・ムーン』（1973） ラズロ・コヴァックス	詐欺師の親子が旅先でみつける人生。 モノクロ画面に描き出された空と雲。
『カッコーの巣の上で』（1975） ハスケル・ウェクスラー	精神病院での非日常性をドキュメンタリータッチで描いた。 絵画のような抑制された光のトーン。

3.1.2 絵画のように描く

ネストール・アルメンドロスは，『天国の日々』（1978，テレンス・マリック）でアカデミー撮影監督賞を受賞したほかに『クレイマー，クレイマー』（1979）や『ソフィーの選択』（1982）などの作品でのノミネートがある。

特に『天国の日々』では，あらゆる映画の教科書に取り上げられる美しい映像を見ることができる[†1]。貧困と労働からの脱出を夢見る青年の挫折をアメリカの大自然の美しさとのコントラストで描いている。輝く麦穂の波を照らす夕陽を無類の美しさで捉え，通常であれば影に沈む人物のシルエットを印象派の絵画のように描いた（**図 3.1**）。一方で，ニューヨークに暮らす中流家庭の問題を描いた『クレイマー，クレイマー』では，デイヴィッド・ホックニーの絵画から，家具や現代建築を捉える際に，それらの形態や色彩をどのように組み合わせるか卓抜した例を学んだという[†2]。撮影監督にとって，映像作品の色彩や構図を決めるうえで，美術作品の研究が非常に重要であることを示している[2]。

図 3.1 『天国の日々』麦畑の広がる農場を印象派の絵画のように描いた

[†1] 『天国の日々』農場へ到着［0:06:10 〜 0:10:06］/ビルの帰還［1:04:10 〜 1:09:15］
[†2] 監督のロバート・ベントンからは，ルネッサンス期の画家であるピエロ・デラ・フランチェスカの作品を研究するように依頼された。フランチェスカはホックニーが敬愛する画家でもあり，作風にも共通するものがある。

3.1.3 SF 映画で超自然現象を描く

ヴィルモス・スィグモンドが『未知との遭遇』(1977) で向き合ったのは，宇宙からの訪問者であった。UFO が放つあふれる光を「黒からあらゆる色のスペクトルを経て白までの，色の全域を網羅したルックを求め」るため，フィルムに色の全域を収めた[†1]。監督スピルバーグとともに試みたこの手法は，通常行われる，色調を抑えるアプローチとは逆である。スィグモンドは，ベトナム戦争を題材とした『ディア・ハンター』(1978) では，平和な日常を戦争で奪われた若者達の悲劇を，「日常と非日常」の際立った映像による対比で描き出した。

ロジャー・ディーキンスは，『ブレードランナー 2049』(2017) で，多様なライティングのアイデアを駆使した撮影技法を用いて，このシリーズ独特の世界観にさらに斬新なルックスを加えた[†2]。これまでコーエン兄弟との仕事で，ドライでクールな現代的映像スタイルを確立し，すでに巨匠の域に達したディーキンスだが，長い間アカデミー賞とは無縁であった。しかし，本作および『1917 命をかけた伝令』(2019) で，立て続けにアカデミー撮影賞を受賞した。

3.1.4 暗黒街の光と影

屈指の完全主義者と言われるゴードン・ウィリスの撮影技法はアメリカの暗黒街を舞台にした『ゴッドファーザー』(1972) において見ることができる。冒頭の室内シーンでは最小限の照明による**アベイラブルライト**[†3]で，いぶし銀の色調，ゴールデンアンバーにまとめあげた。主演のマーロン・ブランドの目が暗く沈んで見えなくなるほど極端なトップライトをほどこし，マフィアの首領たちの底知れぬキャクターを印象的に描き出した。

[†1] 『未知との遭遇』UFO の放つ光を捉えた映像 [1:14:30 ～ 1:15:33]
[†2] 『ブレードランナー 2049』[0:15:13 ～ 0:15:47] / [1:47:43 ～ 1:50:53]
[†3] 撮影現場における実際の光源のみを用いて撮影する手法。ゴールデンアンバーとは，ルネサンス絵画のように黄色掛かった暗い色調のこと。

ヴィットリオ・ストラーロは『地獄の黙示録』（1979）での戦場シーンの卓越した撮影が有名であり[†1]，アカデミー撮影賞を三度受賞している。30歳のときに，監督ベルナルド・ベルトルッチと手掛けた『暗殺の森』（1970）は，世界中のカメラマンが学ぶべきマスターピースとされている[†2]。ファシズムに覆われる戦時下のイタリアの退廃的な空気を，建物や人物に落ちる影の造形美を生かして撮影した。構図のアイデアや色彩対比の美的センスが随所で輝く，まさに「光で描かれた」芸術作品と言えよう（**図3.2**）。

図3.2　『暗殺の森』光と影を自在に用いたヴィットリオ・ストラーロの撮影技法

3.1.5　寓話を描く ── 空と雲のコントラスト ──

ラズロ・コヴァックスは『イージー・ライダー』（1969）での低予算撮影にあえて挑戦したが，これは結果的にアメリカンシネマの代表作となった。また，『ペーパー・ムーン』（1973，ピーター・ボグダノヴィッチ）では，あえてモノクロフィルムを用いて，詐欺師親子による現代の寓話を表現した。モノクロフィルムには，カラーフィルムにはない深い明暗の表現力の幅（フィルムラティテュード）がある。それをロケ地の光に合わせた赤のフィルターによって最大限に引き出した。シニカルな親子の旅の背景としてくっきりと描かれた空と雲のコントラスト，俳優の顔のトーンが美しい。

3.1.6　色盲の巨匠 ［ハスケル・ウェクスラー］

ハスケル・ウェクスラーは，カメラマンとしての信念を貫き「撮影現場で戦う」タイプの職人であった。その妥協を許さぬ強い姿勢が四つのアカデミー賞

---

†1　『地獄の黙示録』ヘリコプター部隊の襲撃シーン［0:38:05 ～ 0:42:11］
†2　『暗殺の森』大臣室に向かうマルチェロ［0:07:28 ～ 0:09:20］

の受賞につながった。ウェクスラーの作品では，「作為的なライティング」を
排除して，自然な仕上りとなった**ドキュメンタリータッチ**のものが多い。途中
降板となったもののアカデミー撮影賞ノミネートとなった『カッコーの巣の上
で』（1975）は，現代の不条理を描く原作の詩情が画面にそのまま映し出され
た作品である。ウェクスラーは色弱であったが「色弱でカメラマンは無理」と
いう常識を破り，名作の数々をものにしている[†1]。じつは「色弱」の人の眼
は，通常よりも幅広い光の階調を捉えられるという研究もある。

3.1.7　日本の名カメラマンと監督の言葉

　ここで，日本の映画史における名カメラマンたちのエピソードや映画監督の
言葉を紹介したい。まずは，名匠・伊丹万作の言葉から。

　　「私などは性不敏のゆえもあるが，日本のカメラマンのだれが軟調で，だれが硬
　　調であるか〈中略〉いわんやじょうずへたなどは皆目わからない。ただ自分の
　　いうことを聞いてくれる人がよいと思うだけである。」[3]

撮影については，信頼するカメラマンを全面的に任せる古典的な映画監督の
姿が見える。

　一方で，黒澤明は

　　「名キャメラマンなんて言われてさ，内容そっちのけで芸術的に凝ったりされ
　　ちゃ監督はたまらねえよ。」[4]

と語り，監督として撮影手法にも細かくこだわる厳しさが感じられる。名カ
メラマン宮川一夫[†2]はこう語る。

　　「映画監督とキャメラマンは夫婦（めおと）の関係にある。古いかも知れませんがそういう
　　つもりで今日まで仕事をしてきました。」[4]

---

　†1　ハスケル・ウェクスラーの息子，マーク S. ウェクスラーによる『マイ・シネマトグ
　　　ラファー』（2004）の中で語られる。このドキュメンタリーは，理想を追求する撮影
　　　監督の成功と，いくつかの挫折を赤裸々に描いている。
　†2　『羅生門』（1950）や『用心棒』（1961）など，初期の黒澤作品で活躍した。

3.2　カメラの構造と撮影の原理

　カメラマンは，最適な撮影を行うために，光を捉えるレンズの特性やカメラ
の機構を熟知したうえで，画角を決める構図や色彩の原理にも通じていなけれ
ばならない。本節では，カメラの基本構造からスタートして，光を使って効果
的な撮影を実現するための基本技法について学んでいく。

3.2.1　カメラの基本構造

　まずカメラの基本構造を見てみよう（**図 3.3**）。カメラの基本的な機構は，
レンズ，**絞り**，**シャッター**，そして**撮像素子**の四つである。それぞれ，人間の
眼に当てはめると水晶体，瞳孔，目蓋，網膜に該当する。レンズは入ってきた
光を屈折させて，撮像素子（フィルムカメラではフィルム）上に像を投影す
る。投影された光の陰影は，電気信号に変換されて記録（フィルム上に定着）
される。人間の眼の網膜が光を電気的信号に変え脳に伝えるプロセスと同じで
ある。光の入り口には絞りがあり，これで入射光の量を調節する。絞りの開閉
の度合いは**絞り値**（**F 値**）で表される。レンズの性質は焦点距離と F 値によっ
て表される。どちらも撮影に大きな影響を与える重要な数値である[†]。

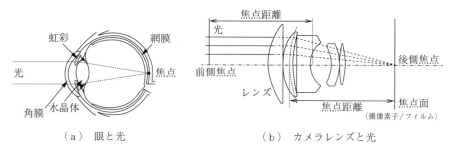

| （a）　眼と光 | （b）　カメラレンズと光 |

図 3.3　レンズを通して画像を捉える

[†]　F ＋数値で表され，F 値や F ナンバーと呼ばれることもある。

3.2.2 焦 点 距 離

　特殊な目的がない限り，理想的な映像とは**フォーカス**（焦点，ピント）が
合っていることが基本である。フォーカスが合うというのは，被写体（撮影す
る　対象物）に反射した光が，フィルム面（あるいは撮像素子）において，一
点に収束し，細部まで明瞭な映像が得られる状態である。レンズの中心から**焦
点**までの距離を**焦点距離**という。焦点距離の短い**広角レンズ**は写る範囲（画
角）が広く，焦点距離の長い**望遠レンズ**は写る範囲（画角）が狭くなる（**図
3.4**）。

図3.4　レンズと焦点距離

3.2.3 被 写 界 深 度

　被写界深度は，撮影技法においてきわめて重要な概念である。レンズの焦点
が合う位置は理論的には一点しかない。しかしその前後に十分にフォーカスが
合って見える許容範囲があり，この許容範囲にある被写体側の距離を**被写界深
度**という[†]。被写界深度はこれまで学んだ，絞り値（F値）とレンズの焦点距
離によって決定される。一般的には，広角レンズほど被写界深度は深く，望遠

---

†　実際にはフォーカスが合っていてもいなくても点光源からの光が結像面上で結ぶ像は
　　円形（錯乱円）となり，この円が大きいほど被写界深度は深くなる。

レンズでは，限られた被写界深度が得られる[†1]。このあと，これらの関係を使った表現としてパンフォーカスとシャロウフォーカスについて学ぶ。

3.2.4 パンフォーカス

パンフォーカス（またはディープフォーカス）とは，画面全体にわたってフォーカスを合わせる手法である。パンフォーカスの効果を得るためには，**広角レンズ**（焦点距離が短いレンズ）を使い，**絞りを絞り込んで**（大きなF値で）撮影する。かつては強力なライトで露出をカバーしなければならなかった。画面に写っている隅々のものまで見えるので，監督は映像全体を使って，広い領域での演出が可能となる。パンフォーカスの手法を活用した代的な映画は，オーソン・ウェルズによる『市民ケーン』（1941）である。新聞王ケーンの波乱の生涯を描いたこの作品は，「時系列の逆配置」や**長回し**，**ローアングル**，**ダッチアングル**[†2]などの撮影技法を見ることができる（3.3.2項参照）。

3.2.5 シャロウフォーカス

逆に，**シャロウフォーカス**（ボケ表現）は，逆に被写界深度を浅くして，主体となる一点を中心にフォーカスを合わせて背景や前景をぼかす映像表現である。おもに望遠系のレンズを使い，絞りを開放して撮影し，ポートレート写真などのイメージを重要視する場合に使われることも多く，映画では，情感盛り上がるシーンで多用され，特に光が斜光となる夕景では自然界の光が粒子となって見えるようである。シャロウフォーカスが使われた作品は数多くあるが，その中から特につぎの2本を紹介する。『初恋のきた道』（1999）では，中国河北省の美しい自然を背景に，俳優たちのみずみずしい感情が見事に映像化された[†3]。中国を代表する映画監督チャン・イーモウ（張芸謀）初期作品で，彼の盟友であるホウ・ヨン（侯咏）による撮影である。『明日に向かって撃

---

† 1 背景をぼかしたポートレート写真には，望遠レンズが向いている。
† 2 『第三の男』逃げるハリーを追うダッチアングル［1:30:22 ～ 1:30:31］
† 3 『初恋のきた道』自分の弁当を持つ恋人を遠くに見る［0:19:27 ～ 0:21:20］

て！』（1969）における自転車でのデートシーンは，名匠コンラッド L. ホールによって，美しい自然光の中で農場の柵や樹木の隙間を通した撮影が行われた[†]。ホールの創意あふれる素晴らしいカメラワークは『ボビー・フィッシャーを探して』（1993）や『ロード・トゥ・パーディション』（2002）からも学ぶことができる。

3.2.6 映像におけるシャッタースピード

　一眼レフなど，写真用カメラでは，**シャッタースピード**を自由に設定できる。1/2 000 秒の**超高速シャッター**で，割れる瓶のガラスを捉えることもできる。**スローシャッター**での**流し撮り**や，**長時間露光**による夜景や天体の撮影など多種多様な技法が使える。しかし映画カメラの撮影では，シャッタースピードは 24 分の 1 秒という有効上限がある。なぜならば上映時の毎秒コマ数が 24 コマと決まっているからである。したがって，映画撮影においてカメラマンはシャッタースピードの選択において，大きな制限を背負っていると言える。絞りとシャッタースピード ISO 感度の関係について**図 3.5** に示す。

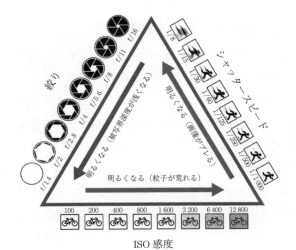

絞り：F 値が小さいほどレンズ径が大きくなり明るくなる／F 値が大きいほど被写界深度は深くなる。

シャッタースピード：速いと光量が減り画像は暗くなる／遅いと画像は明るくなるがブレが生じる。

ISO 感度：感度が高いほど画像は明るくなるが，画像の粒子は荒れる。

図 3.5 カメラ　各数値の関係

[†] 『明日に向かって撃て！』自転車でのデートシーン［0:26:50 ～ 0:28:25］

3.2.7 シャッタースピードによる表現

映像用フィルムカメラのシャッターは回転式であり，シャッタースピードを表す数値として**シャッター角**（シャッターが開いている部分の角度）が使われた。回転するシャッターの開口部が通過する時間によって，フィルムひとコマあたりの露光時間を変化させることができる。ジョン・マシソンは，『グラディエーター』（2000，リドリー・スコット）の冒頭における，ローマ軍とゲルマン人との戦闘シーンで，シャッター角を使った素晴らしい表現を実現した。長時間に渡る戦闘が続く中，しだいにシャッタースピードを遅くすることで，映像が尾を引き，疲弊する兵士たちの心理状態を映し出した[†]。

3.3　ショットサイズと構図

カメラマンが決定しなければならない，最も重要なことが「ショットサイズ」と「構図」である。映像を使って物語を描くにあたって，これらを決めていくための理論を勉強しよう。

3.3.1　カメラのフレーミングと構図

構図には横構図と縦構図がある。人物やモノを横に一列に並べて撮影した状態を横構図という。横に広がった印象，広い世界を表すことができる。ワイドスクリーンの特徴を生かして視覚的な広がりと開放感を表現できる一方，左右の距離感や対立を感じさせることも可能である。縦構図では，視線が自然に道の奥へ行くように被写体を並べた画角を作る。縦構図は，画面奥に伸びる道などの表現に適している（1.5.5 項参照）。

実際の撮影現場において，カメラマンと監督，各スタッフとのコミュニケーションにおいて，**ショットサイズ**を確認することが重要である（**図 3.6**）。撮影前の技術打合せや，撮影現場において，ディレクターはカット割り台本やス

超クローズアップ
クローズアップ
バストショット

ウエストショット

ニーショット

フルショット

図3.6 ショットサイズ

トーリーボードをもとに，ショットサイズを指定する。

　カメラフレーミングとは，撮影対象物を映像のフレームに収める技法である
(**図3.7**)。オープンフレームとは，被写体がフレームのエッジからはみ出るな
ど，ぎりぎりの部分に存在する状態のことである。クローズドフレームは，被
写体がフレーム内に整然と収まっている状態である。

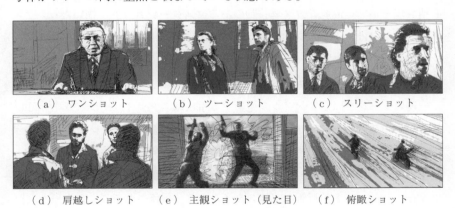

（a） ワンショット　　　（b） ツーショット　　　（c） スリーショット

（d） 肩越しショット　（e） 主観ショット（見た目）　（f） 俯瞰ショット

図3.7 カメラフレーミング〔『ブラック・レイン』(1989) より〕

3.3.2　カメラアングル

カメラアングルには，俯瞰ショット，ローアングルなどさまざまなものがあり，カメラアングルは，カメラマンと監督の工夫によって決定される。特殊な事例として『ローズマリーの赤ちゃん』（1968，ロマン・ポランスキー）で，ウィリアム A. フレイカーによる撮影の事例を挙げる。主人公ローズマリーが隣室の老女を覗き見するシーンで，使われたアングルは，ドアが老女を半分隠してしまうもので，特殊な不安感が生まれた。このようにカメラアングルとは，美しい安定構図だけでなく，不安定な状態にすることによって緊張感や不安感をもたらすこともできる[†1]。キャロル・リードの『第三の男』（1949）では，あえて大胆に傾けられたカメラアングルが多用されている。この手法は**ダッチアングル**と呼ばれる。ハイコントラストなモノクロ映像と相まって犯罪映画の不穏な雰囲気を盛り上げている。

3.3.3　マスターショット

シドニー・ルメットは，『評決』（1982）において，ワンシーン内での俳優の心情表現を追い，流麗なカメラ移動のある**マスターショット**で描いた[†2]。マスターショットは，一つのシーンをカットせずに撮影する手法であり，そのシーンの出来事が一連で写される。ワイドアングルでシーン全景を撮影したショットは**エスタブリッシュショット**[†3]とも呼ばれる。

一連のシーンを固定アングルで撮影する手法はスタティックショットと呼ばれる。ある意味で演劇空間にいる状態と同じである。『ストレンジャー・ザン・パラダイス』（1984）は，ほぼすべてのシーンがこの手法で撮影された。低予算であったことがその理由だったが，結果的にこれが，監督のジム・ジャームッシュによる斬新な映像スタイルとして評価されることになった。巨

---

†1　『ローズマリーの赤ちゃん』ドア枠に半分隠れた老婆［0:56:26 ～ 0:56:51］
†2　『評決』弁護士コンキャノンがローラを買収する［1:31:06 ～ 1:32:46］
†3　あるシーンにおける，俳優や小道具などの全体配置が決定されるショット。撮影スタッフとしては，ぜひ最初に撮影しておいてほしいショットである。

匠監督のスタンリー・キューブリックは，大作『バリー・リンドン』（1985）
において，スタティックショットを多用することで，18世紀ヨーロッパの貴
族社会に潜む冷徹さや，圧殺された人間性を表現することに成功した。

3.4　カメラワーク

　ここでは，基本的なカメラワークの用語を整理しながら，撮影技法の応用と
してのカメラワークについて，いくつかを紹介する。

3.4.1　パンとティルト

　パン（pan）は，基本的にはカメラを水平方向，つまり左右に移動すること
である。映画史に残るパンは『アラビアのロレンス』（1962，デヴィッド・
リーン）におけるアカバ襲撃のシーンであろう。ロレンスの騎兵隊が要塞都市
に奇襲を仕掛けるシーンを描き出した。カメラを上下に向きを変えることを
ティルト（tilt）と言う[1]。『サウンド・オブ・ミュージック』（1965）には，
カメラのティルトを生かした素晴らしいショットがある。その一つは，高原で
のピクニックシーンである。ロバート・ワイズはキャッチボールのシーンを加
えた。カメラはボールの軌道を追って**ティルトアップ**し，美しいアルプスが見
事に映し出された。さらに見事なのが，マリアとトラップ大佐の結婚式のシー
ンである。教会の天井まで超えて上昇したカメラは鳴り響く教会の鐘を捉え，
ふたりの幸福を表現する。ところがその直後にカメラは下降を始め，最終的に
はオーストリアを併合したナチス・ドイツの行軍を映し出す。観客の前に突然
現れた，この恐ろしい情景は，この映画における物語の大きな転換点となっ
た[2]。

---

[1]　上に動かすのがティルトアップ，下に動かすのはティルトダウン。実際の撮影現場
　　ではパンアップ，パンダウンとも言う。

[2]　『サウンド・オブ・ミュージック』山頂のピクニック［0:54:28 ～ 0:56:23］／マリアの
　　結婚式［2:18:15 ～ 2:19:28］

3.4.2　ズームとドリー

　ここでは**ドリー**と**ズーム**について解説する。いずれも映像の画角が変化する技法であるが，その効果は異なる。カメラ本体が移動して対象に近づくことを**ドリーイン**，離れることを**ドリーアウト**と言う[†1]。ドリーでは，カメラが移動するに従って，対象となる俳優とその背景との関係や，遠近感（パースペクティブ）も変化する。それに対して，**ズームレンズ**による画角変化を，**ズームイン**あるいは**ズームアウト**と言う。ズームは，比較的単調な変化であり，ライブコンサートなどで多用される。**クィックズーム**は，なにか特別な対象に注意を向ける際に用いられる。

3.4.3　ヒッチコックショット

　アルフレッド・ヒッチコックは『めまい』（1958）で，主人公の高所恐怖症の心理を表現する映像を作るために特殊な撮影技法を編み出した[†2]。この手法は**ヒッチコックショット**，あるいは**ドリーズーム**などと呼ばれる。ドリーインしながら同時にズームアウトすることで不思議な遠近感が生まれ，「空間が歪んでいく」ように見える。スティーヴン・スピルバーグは『ジョーズ』（1974）の重要場面でこの撮影技法を用いた。人食い巨大ザメがついに海岸に出現した瞬間，主人公ブロディ署長が驚愕する表情をこの手法で撮影した。恐怖のあまり，彼の周囲の世界が歪んでいくような衝撃的な映像である[†3]。

3.4.4　特殊機材によるカメラワーク

　アルフォンソ・キュアロンや，A. G. イニャリトゥとタッグを組み，映像撮影に革新的な技法を取り入れているエマニュエル・ルベツキは，現代における最も先端的なカメラマンであろう。イニャリトゥとの『バードマンあるいは

[†1]　カメラレール（軌道：トラック）による移動ショットは，「トラックイン，トラックアウト」と言う。ドリーとはカメラを乗せるタイヤ付き台車。
[†2]　『めまい』螺旋階段への落下の恐怖［1:16:37 ～ 1:16:50］
[†3]　『ジョーズ』サメの襲撃を目のあたりにする署長［0:17:18 ～ 0:17:21］

（無知がもたらす予期せぬ奇跡）』（2014）では，映画全編が**ワンカット**でカメラが動き続けるという映像を作り上げた。その撮影技法のベースとなった作品は，キュアロンとの『ゼロ・グラビティ』（2013）であった。宇宙空間での無重力状態で浮遊する主人公を，複数の移動軸を持った機構で，カメラと俳優をコントロールした。これらは，現代における VFX 技術と融合する撮影技法の事例である。『クローバーフィールド/HAKAISHA』（2008）は，ほぼ全編にわたり登場人物たちの P.O.V（主観ショット）をつないで構成された[†1]。ロジャー・ディーキンスは『1917 命をかけた伝令』（2019）で，さらに洗練された撮影技術を駆使した全編ワンカットの表現に臨んだ。

　今後は，カメラを扱い撮影技法を熟知するだけでなく，CG や VFX などのデジタル技術に精通したカメラマンが，ますます必要となるであろう。しかし，ルベツキは決してデジタル技術に傾倒しているのではない。同じく『トゥモロー・ワールド』（2006，アルフォンソ・キュアロン）では，できるだけ現場での撮影にこだわり，危険な爆破シーンを手持ちカメラで撮影した[†2]。『ニュー・ワールド』（2005，テレンス・マリック）では，イギリス人開拓者と先住民との闘いを臨場感あふれる映像に仕上げた。現代的な機材を使いながらも撮影技法の本質を追求することを基軸としているカメラマンである。

3.5　ライティングの基本技法

　スタジオにおけるライティングは，映像表現上非常に重要である。照明による光の組合せによって，作品に多種多様な雰囲気をもたらし，俳優の心情表現を強調することもできる。ここではごく基本的な技法を紹介する。

3.5.1　基本的なライティング

基本のライト 3 種による照明を**三点照明**と言う。サイレント映画時代から開

---

† 1　『クローバーフィールド/HAKAISHA』主人公たちの P.O.V［0:20:31 〜 0:21:50］
† 2　『トゥモロー・ワールド』疾走する車内での撮影［0:26:12 〜 0:30:19］

図 3.8　三点照明の基本的なセッティング

発されたものだが，現在でもこの基本は変わらない（**図 3.8**）。

〔1〕 **キーライト**　　シーンの中心となる人物や被写体に正面方向から当てる。このキーライトが中心的な光源となる。一般的には指向性のあるスポットライトなどで当てるのが基本。自然光で言えば太陽，室内であればメインの光源に相当する光である。

〔2〕 **フィルライト**　　キーライトを補助するための光である。通常はキーライトの 90 度の逆方向から当てられる。キーライトが届かない部分に光を補い，キーライトの影を和らげディテールを見せる。**レフ板**（反射板）などに反射させて用いることもある。日本では**押さえ**とも呼ばれる。

〔3〕 **バックライト**　　画面の中の人物や被写体に背後から当てる光。顔の周辺に輝くラインが生まれ，対象がくっきりとした輪郭を持に立体的に見える。カメラのレンズに光源が入らないようにする。

3.5.2　ライティングの応用

より細かい補助的なライティングの事例を示す。

〔1〕 **ベースライト**　　一定のレベルで，セットや人物などに陰影を作らないように均等に照らすベースの光。通常フラットライトを使うが，スポット系の照明器具ではボードの反射や透過光を拡散光として用いる。

〔2〕 **モデリングライト**　側面や後方などから照射して被写体を浮き立たせ，対象物のディテールを見せる。モデリングライトにはつぎのものがある。

タッチライト：俳優やセットの一部を強調して見えるように当てる光。

トップライト：被写体の真上からスポットライトで照明。『ゴッドファーザー』の室内シーンのように，象徴的な照明に多く使われる。

サイドライト：横からアクセントをつけるライティング。

フットライト：下から当てて顎の影などをソフトにする。あるいは逆に，ホラー映画などで，不気味な雰囲気にするために使用される。

キャッチライト：（アイライト）人物の眼に光の点を入れて魅力を加える。

3.5.3　照明のトーンと絵画的リファレンス

　照明が作り出すトーンは，映像の仕上りを決定する重要な鍵であり，光の量や撮影感度によって，注意深く調整する必要がある。大量の光を当てて，明るいトーンにする照明を**ハイキー照明**と言う。対象にたくさんの光が当たるためにあらゆる場所が均一に照らされる。その結果画面全体が明るく見える。前述の『ローズマリーの赤ちゃん』（1968，ロマン・ポランスキー）では画面全体に強い光を当てて全体として白っぽい画面に仕上げた。この画調は，この映画独特の不気味な雰囲気の表現につながっている。また，その逆に不足気味のライトで撮影すると，**ローキー照明**となる。各ライトの光の量に落差を設けて撮影することで，劇的な**ハイコントラスト**映像が得られる。優れたカメラマンは，歴史的な絵画から光の表現を学ぶことも重要である。例えば，フェルメールやレンブラントの作品について考えてみよう。こうした画家たちは「光の画家」と呼ばれており，その画面の中には周到に計算された光の存在を見つけることができる。優れたカメラマンの多くは，こうしたリファレンスを，自分の表現の引き出しに持っている。

3.5.4　マジックアワー

　日没や日の出前後の時間を，**マジックアワー**と言う。柔らかな反射光に世界

が包まれて見える時間である。ディーン・セムラーは『ダンス・ウィズ・ウル
ブス』（1990，ケビン・コスナー）で，南北戦争下における先住民と北軍兵士
の交流を，アメリカの広大な荒野を舞台に，夕景を主体としたダイナミックな
構図で捉えた[†1]。

　ここで『七人の侍』（1954）で有名な中井朝一カメラマンに関する逸話を紹
介したい。1953年6月9日，伊豆下丹郡での撮影で重要なショットの撮影の
ことである。俳優も並び，照明その他全般の準備が揃っていたのだが，なかな
かベストの撮影タイミングが来ない。現場が緊迫する中，太陽はどんどん沈ん
でいくが，結果的にベストのタイミングを失ってしまった。中井は落胆のあま
り宿の玄関に座り込んだままであったという。厳しい自然条件の中で最高の映
像を掴むため，日々緊迫した撮影の中でぎりぎりまで可能性を追求するカメラ
マンの姿を伝えるエピソードである[†2]。

演 習 問 題

〔3.1〕　本書で紹介しているカメラマンによる映画作品を鑑賞し，彼らが撮影監督
　　　　として挑戦した撮影技法のポイントは何であったか考えてみよう。
〔3.2〕　カメラ位置やアングルを意識しながら撮影してみること。焦点距離の違う
　　　　レンズを使い，被写界深度による映像効果を実際に確かめてみよう。

---

†1　『ダンス・ウィズ・ウルブス』狩猟を終えて［1:31:58 ～ 1:34:00］
†2　『七人の侍』脚本より：シーン58「峠＝勘兵衛たち来る。利吉，一足先に走って見
　　下ろす。〈中略〉夕陽 ― 村は山の陰の中に沈んでいる」

4章

映像デザイン
── ビジュアルで語る物語 ──

◆ **本章のテーマ**

　映像デザインは，映像作品の見た目の美しさだけでなく，時代設定を説明し，説得力のある物語の背景を作り上げる技法である。映像の背景に登場するセットや小道具は，登場人物たちの生活ぶりや，彼らの価値観などを表現する。撮影の舞台にリアリティや説得性があれば，スタッフは作品の世界観を共有し，演技をする俳優の気持ちも高揚する。美術デザイナーには，時代劇からファンタジーまで，幅広い作品への対応力が求められる。映像製作の予算全体に占める割合が大きいのも美術部門である。大規模な撮影が必要な場合や，特殊な衣装や小道具が必要な時代劇などでは，美術予算は巨大となる。本章では，美術デザイナーが最も効果的な映像デザインを実現するための具体的な技法について解説する。

◆ **本章の構成（キーワード）**

4.1　映像美術の源流
　　　　失はれた地平線，プロダクションデザイナー，美術デザイン
4.2　傑出した映像美術
　　　　リサーチと想像力，演技を支える，VFX との融合，進化する映像デザイン
4.3　美術デザインの実際
　　　　台本の分析と撮影スケジュール，撮影現場での対応，ロケ現場での美術，
　　　　ポストプロダクションでの美術
4.4　オープニングタイトル
　　　　ソール・バス，モーリス・ビンダー，パブロ・フェロ，カイル・クーパー

◆ **本章を学ぶと以下の内容をマスターできます**

☞　映像における美術デザインの役割
☞　映像のグラフィックデザイン
☞　美術デザインの仕事の実際

4.1　映像美術の源流

　映像の視覚的な美しさは作品の価値を高める重要な要素である。絵画や彫刻などの個人制作による芸術とは違い，**映像デザイン**は多くのスタッフとの連携によって生み出されるものである[†]。映画作品のビジュアルデザインを決定していくには，強いリーダーシップと明確なヴィジョンを持った**美術監督**が必要である。本節では，映画史の初期に生まれた**プロダクションデザイン**という職種について解説しつつ，**映像美術**の源流をたどる。

4.1.1　映画草創期の美術『失はれた地平線』

　『失はれた地平線』（1937, フランク・キャプラ）はハリウッド映画草創期における最高の美術デザイン技法を見ることができる作品の一つである（**図4.1**）。原作となったジェームズ・ヒルトンによる冒険小説は，冒険家ジョージ・マロリーの手記に基づいており，アフガニスタンやチベットなどアジア奥地が舞台である。いわゆる「シャングリラ」では草花が美しく咲き，動物も植物もおおらかな光につつまれた理想郷として描かれた。美術予算を含めた制作費は予定を大きく上回り回収に5年も掛かったというが，結果的に第10回アカデミー賞の美術賞と編集賞を受賞した。革命の動乱で混乱するバスクルの飛行場，急峻な山岳地帯におけるクレバスの崩落など，映像化が難しいシーンの数々を苦心の末に実現しており，いまも説得力のあるリアリティと美しさを保っているのは驚異的である。アメリカンフィルムインスティテュートにより，オリジナルフィルムの収集と修復が続けられている。

図4.1　『失はれた地平線』理想郷「シャングリラ」を見事に映像化した

[†]　映画業界では通常「美術」あるいは「美術デザイン」と表記される。本書では，近年テレビ業界を中心に一般的となった「映像デザイン」を用いる。

4.1.2　プロダクションデザイナーの誕生

米アカデミー賞の美術に関する「特別賞」を初めて受賞したのは『風と共に去りぬ』(1939) の美術デザインを担当したウィリアム・キャメロン・メンジースである。作品全体の色調や美術表現の基調を決定した功績を高く評価された。メンジースの仕事は，映像のデザインだけでなく，美術部門の制作スケジュールとコストの全責任を担ったこのときから，美術部門における総責任者は**プロダクションデザイナー**（美術監督）と呼ばれるようになった[†]。

セドリック・ギボンズは，さらにプロダクションデザイナーという仕事を追求し，生涯にアカデミー美術賞を 11 回受賞した。スタジオのホリゾント壁に絵を描いただけの背景が使われていた 20 世紀初頭に，見事な照明に浮かび上がる立体的なセットを作った。代表作として『オズの魔法使い』(1939)，『巴里のアメリカ人』(1951) などがあり，MGM スタジオ作品の 150 本以上に関わった[1]。

4.1.3　映画美術を牽引したデザイナーたち

サスペンス映画の巨匠アルフレッド・ヒッチコックらの作品において活躍したのが，ロバート・ボイルである（7.1.4 項参照）。スタジオワークによる特撮技法を編み出し，映像表現の「不可能」に挑戦した。『鳥』(1963) や『屋根の上のバイオリン弾き』(1971) など，ワイドスクリーン化し娯楽産業として成長する映画草創期の美術技法の基盤を作った。2007 年には，映画美術における功績によりアカデミー栄誉賞を受賞した。ジョン・アラン・ボックスは，『アラビアのロレンス』(1962) から『インドへの道』(1984) まで，巨匠デヴィッド・リーンとともに仕事を続け，ワイドスクリーンをフルに生かした広大なアングルに，世界史における激動の時代を再現した。続く『ドクトル・ジバコ』(1965) などの作品で，アカデミー美術賞を 4 回受賞。『華麗なるギャツ

[†]　プロダクションデザイン（美術監督）という言葉には，予算やスケジュールも含めて映像制作全体を統括し，責任を持つという意味が込められている。それまでは，アートディレクターという呼称が一般的であった。

ビー』（1974），や『トゥルーナイト』（1995）まで，生涯を掛けて映画におけ
る美術デザインの向上に尽くした。パラマウントスタジオの重役でもあったリ
チャード・シルバートは，白黒映画『バージニア・ウルフなんかこわくない』
（1966）と，コミック原作の『ディック・トレイシー』（1990）という対照的な
2本で，アカデミー美術賞を受賞した。『卒業』（1967，マイク・ニコルズ）や
『チャイナ・タウン』（1974，ロマン・ポランスキー）などでは，文芸作品にふ

図 4.2　『卒業』アメリカ青春映画の
　　　　　代表作

さわしく色調を渋くおさえた都会的セン
スの世界観を作る（**図 4.2**）。特に後者
は犯罪社会を描くフィルム・ノワールの
手本となる映像と言えよう。そのほか
『コットンクラブ』（1984）や『虚栄のか
がり火』（1990）などを手掛け，カリス
マ性を持った美術監督として活躍した。

4.2　傑出した映像美術

　本節では，優れた美術監督とその仕事を紹介し，映画における美術デザイン
の事例を解説する（**表 4.1**）。また，撮影技法の発展やデジタル技術の導入と
ともに大きく変化しているデザインの仕事について考えていきたい。ほかの職
種と同様に，ますます表現技法の垣根をこえたユニバーサルな人材が求められ
ていることがわかるだろう。

表 4.1　優れた仕事を残した美術監督たち

美術監督	協力した おもな監督	おもな映画作品	美術デザインの特徴
ロバート・ ボイル	アルフレッド・ヒッ チコック	『北北西に進路を取れ』 （1959） 『マーニー』（1964） 『鳥』（1963）	・映画美術の巨匠 ・サスペンスシーンを表現 　する特殊美術を考案 ・アカデミー名誉賞受賞

表 4.1　（つづき）

美術監督	協力した おもな監督	おもな映画作品	美術デザインの特徴
ケン・アダム	ガイ・ハミルトン スタンリー・キューブリック	『007 ゴールドフィンガー』（1964） 『博士の異常な愛情』（1964） 『バリー・リンドン』（1975）	・壮大な SF 的空間設計 ・徹底したリサーチに基づく ・時代背景の再現
リチャード・シルバート	ロマン・ポランスキー マイク・ニコルズ	『ローズマリーの赤ちゃん』（1968） 『チャイナタウン』（1974） 『バージニア・ウルフなんかこわくない』（1966）	・リアリズムの中の美意識 ・細部にまでこだわる美術設定 ・映画監督の思いを視覚的に実現
ディーン・タボラリス	アーサー・ペン フランシス F. コッポラ	『俺たちに明日はない』（1967） 『ゴッドファーザー』（1972） 『地獄の黙示録』（1977）	・地獄の黙示録でのロケ地セットは映画美術史の金字塔
種田陽平	李相日 三谷幸喜 クエンティン・タランティーノ	『フラガール』（2006） 『THE 有頂天ホテル』（2006） 『キル・ビル Vol.1』（2003）	・日本を代表する美術監督 ・映画作品の世界観を物語性から組み上げる ・舞台美術でも活躍

4.2.1　リサーチと想像力［ケン・アダム］

007 シリーズなどで，人々の度胆を抜くようなダイナミックな世界を作り上げた美術監督がケン・アダムである。彼は美術デザインの重要ポイントとして「自分自身のリアリティを打ち出すこと」と語っている。台本に書いてある世界をそのままに単純でありきたりの**リアリティ**を実現するだけでは不十分であり，自身のアイデアによってアクセントをつけ，あるポイントを強調するのである。スタンリー・キューブリックとの仕事として『博士の異常な愛情』（1964）と『バリー・リンドン』（1975）がある。前者ではペンタゴンの巨大作戦室などを創作し，後者では 18 世紀ヨーロッパ貴族社会の奢侈な生活をディ

図 4.3　『バリー・リンドン』18 世紀ヨーロッパの貴族社会を見事に映像化した

テール豊かに描いた（**図 4.3**）。007 シリーズでは，『007 ドクター・ノオ』（1962）における原子炉の作業室，『007 ゴールドフィンガー』（1964）での連邦金塊保管所（Fort Knox）など，実際には撮影が不可能な場所をスタジオに本物以上に本物らしく作り上げた†。それは自らのリサーチと想像力を組み合わせた成果であった。『バリー・リンドン』と『英国万歳！』（1994）で，アカデミー美術賞を受賞した。

4.2.2　監督とイメージを共有する

ディーン・タボラリスは，フランシス F. コッポラとともに『ゴッドファーザー』シリーズや，『地獄の黙示録』（1979）を手掛けた。後者では，フィリピンの熱帯雨林での映画史上最も過酷と言われた撮影を支えた。超大作における予想外のトラブルをくぐり抜け，監督とともに価値観を共有しながら傑作映画を作り上げたデザイナーとして尊敬されている。

ジム・ビゼルは『E.T.』（1982）において，主人公エリオットと E.T. の心の交流にふさわしい空想の街をデザインした。ビゼルは雑多な仕事を経た自分のキャリアを「回り道ばかりだった」と振り返る。また，彼は

> *映画のデザイナーになる道は十人十色であり決まった道など無い。必要なのは，"物怖じせずに挑戦する心" を持ち "さまざまな試練を経験する" こと。*」[1]

と語る。その後『トワイライト・ゾーン／超次元の体験』（1983）や『ミッション：インポッシブル／ゴースト・プロトコル』（2011）などの大作を手掛けたビゼルは，デザイナーという仕事の厳しさについて

> *結局はどのような肩書きがついても，私が担当した仕事の質が満足できなかっ*

---

†　ペンタゴンの作戦室も連邦金塊保管所も，ケン・アダムの創作だが，専門家ですら本物の場所で撮影したものと思い込むほど，迫真の美術セットであった。

たり，美術予算の会計上の責任がとれないとすれば，スタッフとして契約されることはない。」[1]

と語る。また，自分の美的センスを持つだけでなくメインスタッフとの間で，美的価値観を共有できることも重要だという[†1]。

4.2.3　俳優の演技を支える

美術デザインの重要な役割は映像の「見た目」を作ることだけだろうか？じつは，美術にとって最も重要な仕事とは「**俳優の演技を支える**」ことなのである。1章「映像演出」で見たように，監督と俳優はつねに「最高の演技」を引き出すための努力を続けている。俳優が真剣に集中して，登場人物の心情になろうとする瞬間を，美術は盛り立てなければならない。**小道具**一つの選択によっても俳優の心情は大きく変わる。『ブラック・レイン』(1989) に出演したガッツ石松は「衣装スタッフが用意した靴下一つで気持ちが変わった」と述べる[†2]。

俳優の「演技を支える」美術デザイナーとして，ジャック・フィスクを紹介しよう。彼は作家性の強いテレンス・マリックと『地獄の逃避行』(1973) で初めての仕事を経験し，その後も『シン・レッド・ライン』(1998) や『ニューワールド』(2005) までマリック監督を支え続けている。彼は作品の全体像をしっかりと把握して，映像美術の各セットにおける「つながり」を把握することが重要であると述べる。また，デザイナーはその作品の中に自分の人生のすべてを凝縮できるとも考えた。前述の『地獄の逃避行』では，主人公の悲劇的な逃避行を，自分の生活体験に結びつけて再現した。

クエンティン・タランティーノとの『キル・ビル』(2003) や，台湾のウェイ・ダーション（魏徳聖）との『セデック・バレ』(2011) などで，世界的に活躍する日本人デザイナー種田陽平も，俳優の情感に寄り添い自然な演技を引

---

†1　美術デザイナーの評価は，仕事のクオリティと予算管理能力の二つの要素から決まる。

†2　マフィアの役づくりのために非常に高価な靴下が用意された。ガッツ石松は衣装係から「これを履いて，あなたは本物のマフィアになる」と言われたという。

図4.4 『セデック・バレ』日本統治時代の台湾をリアルな映像で再現した

き出す美術デザインの名手である（**図4.4**）。イ・サンイル（李相日）との『フラガール』（2006）では，オイルショック後に錆びゆく炭鉱街で，街の復興のために奮闘する人々が描かれていた。高度成長期に取り残された街の雰囲気と，人々の生活のディテールが素晴らしい。

主人公紀美子が住む炭鉱町の住宅や練習所は，家族との葛藤を通した主人公の成長が描かれる舞台として作品のリアリティを支えている[2]。

4.2.4　VFXとの融合 ── 進化する映像デザイン ──

『バック・トゥ・ザ・フューチャー』シリーズや『フォレスト・ガンプ/一期一会』（1994）でロバート・ゼメキスと組み，『グーニーズ』（1985）から，『ジュラシック・パーク』（1993），『戦火の馬』（2011）にいたるスピルバーグ作品に参加したリック・カーターは映画におけるデザイン技法を知り尽くした美術監督である。特に『戦火の馬』では，イギリス・デヴォンの農場の田園風景から第一次世界大戦における塹壕戦まで，衣装デザイナーのジョアンナ・ジョンソンと協力しながら，綿密な時代考証を経て設計した。多数の馬を登場させ，危険な戦場シーンなどの難しい場面も多かったが，VFX（visual effects）などの視覚効果は最小限にとどめられたという。

一方でリック・カーターは『アバター』（2009，ジェームズ・キャメロン）のように，最新の撮影技術にも挑戦している。CGによるバーチャルなデジタルワークと実物を使った物理的な美術との融合を新進気鋭のデザイナー，ロバート・ストロンバーグ[†]とともに作り上げた。『スター・ウォーズ/スカイウォーカーの夜明け』（2019）の美術デザインも担当し，ここでも最新技法によるアプローチを追求している。

---

† 視覚効果とマットペイント（合成用背景画）を経験しVFXを熟知した新しい世代のプロダクションデザイナー。『マレフィセント』（2014）では監督として活躍。

『ゼロ・グラビティ』（2013）や『ライフ・オブ・パイ／トラと漂流した227
日』（2013）のように，特殊な視覚効果を多用する作品においては，プロダク
ションデザイナーの役割は，技術革新とともに大きく変化している。美術的な
センスを持ち映像空間を設計できるという能力だけでは通用しない。現代で
は，実写撮影の部分のみのデザインのみではなく，VFX に関わる CG やデジタ
ル処理のプロセスまで，作品のトータルなデザインに対して責任を全うするこ
とが，美術監督の重要な仕事となったと言えよう（7.3.4 項参照）。

4.3　美術デザインの実際

これまで見てきたように，映像におけるビジュアルデザインの仕事は，映像
製作の非常に幅広い要素に及ぶ。セットデザインから小道具の選択，衣装デザ
インまで，すべては作品の物語と直結していなければならない。本節では，こ
うした美術の仕事の実際を紹介する（**図 4.5**）。

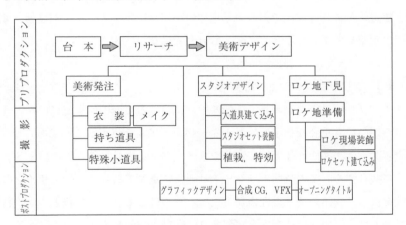

図 4.5　美術部門の仕事の流れ

4.3.1　映像デザイン ── 3 段階のプロセス ──

美術デザインには，制作全体のプロセスに合わせて三つの段階がある。ま

ず，第1段階として，プリプロダクションでのリサーチとデザイン設計，スタジオセットの建設などがある。撮影が始まってからの第2段階では，日々の撮影現場で必要とされる美術対応の連続となる。美術チーム全体が忙殺され，撮影スケジュールの修正や追加も多く，撮影を進めながらのデザインや準備作業も行わなければならない。最終段階のポストプロダクションでは，比較的少人数でのVFX加工作業や追加撮影となるが，デザイナーもこれに関わる。

4.3.2　台本の分析とスケジュール

プリプロダクションにおいて，最も重要なのが台本の分析（ブレイクダウン）と予算配分である。そして，最も予算効率の良いスケジュールを作ることである。アパートの一室を，実在する部屋でロケ撮影すべきかスタジオでセットを組むべきなのか。撮影に必要とされる条件や俳優のスケジュールなどを多角的に検討する。例えば，冬の陽が短い時期のデイシーン撮影や，夏のナイトシーン撮影は時間的に不利である。実在する場所や部屋を借りるロケは，セットを建造するよりは安価であるが，追加の小道具搬入やスタッフの移動，撮影時間の制限を考慮した場合，必ずしも有利ではない。

4.3.3　プリプロダクションの美術

まず，プリプロダクション（制作準備）における美術の仕事を見てみよう。この時期の最も重要な仕事は作品のキービジュアルを決めることである[1]。それをスケッチや図面に仕上げ，監督やカメラマンと作品全体の美術的イメージとして共有する。この時期のリサーチは非常に重要であり，美術デザインの方向性を決め，物語の背景を性格に実現するために必要な資料を収集する。特に時代劇では，歴史的な研究も重要であり，登場人物の職業について調べることで，必要な小道具がリストアップできる[2]。デザイナーは，撮影に必要なセッ

---

[1]　美術デザイナーによって手法はさまざまであるが，最終シーンのイメージを手描きドローイング，スケッチ，ストーリーボードなどに定着する。
[2]　時代考証には，人々の衣食住から当時の交通手段，城郭建築，軍事規則などのテーマによって，さまざまなジャンルと専門性がある。

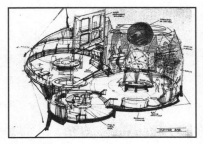

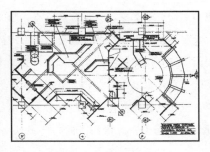

（a） 美術セットのスケッチ 　　　　（b） スタジオ平面図

図 4.6 美術デザイナーによるセットデザイン
〔NHK『木星脱出作戦』(1994) より〕

トのスケッチや図面を作成する（**図 4.6**）。

　大規模な撮影のためにはスタッフの打合せに用いるスタジオセットの模型を製作し，特殊なショットのある作品ではストーリーボードや CG によるプレビズも有効である[†]。これらは，実写での撮影の作業と，ポストプロダクションでの VFX 作業との切り分けにも役立つ。

4.3.4 スタジオセットの準備

　美術デザイナーは，助監督とともにスタジオに建て込むセットの優先順位を

（a） 撮影前の美術チェック 　　　　（b） 大道具スタッフ

図 4.7 スタジオセットを建て込むスタッフ
〔NHK『木星脱出作戦』(1994) より〕

[†]　プレビズは便利で確実である反面，撮影アングルなどまでに詳細すぎる場合もある。その点，模型などは現在でも柔軟なイメージ共有に有効である。

決め，撮影スケジュールを立てる。図面やスケッチをもとに，監督やカメラマンなど主要スタッフと計画を確認したのち，美術スタッフへの指示を行う[†1]。美術チームは撮影開始までに，スタジオにセットを建て，小道具による装飾を完成しなければならない。美術デザイナーは，撮影の直前の段階で，大道具のでき上がり状態や色調などをチェックし，小道具などの装飾物の配置などを確認する（**図4.7**）。撮影直前のチェックと仕上げの作業は，美術スタッフが最大限のパワーを発揮すべき重要なプロセスである。

4.3.5　衣装と小道具

　美術部門における衣装，小道具のスタッフの仕事は，俳優の役作りや演技をサポートする重要な仕事である。衣装や小道具は専門業者からレンタルすることで調達することが多い[†2]。衣装をファッションブランドと提携して使用することや，医療器具など特殊なものを専門家から借用する場合もある。実在しない，SF作品の小道具や模型などは，専門のミニチュア工房などにおいて，プロのモデラーが作成する（**図4.8**）。

（a）　ミニチュア工房　　　　　（b）　ペイントアーティスト

図4.8　スタジオセットを装飾するスタッフ
〔NHK『木星脱出作戦』（1994）より〕

---

†1　監督や技術スタッフとの最終打合せは「技術打合せ」と呼ばれる。美術チーム内での打合せは「美術発注」である。
†2　日本の映像業界では，衣装では東京衣装，松竹衣装が有名である。小道具の専門会社には，高津装飾美術，藤浪小道具，テレフィットなどがある。

4.3.6 撮影現場での対応

スタジオでは，撮影が始まる前に，セットは各シーンに必要とされる状態で完成していなければならない。必要な小道具や衣装などは，物語における時間設定に応じて準備しなければならない[†1]。映像上の「つながり」に正確を期すためには撮影時の状況を写真やメモで記録する[†2]。雨や風などの自然現象や爆発などは，専門の特効のチームが準備をする（7.4.1 項参照）。

4.3.7 ロケ現場での美術

ロケでは現地の状況をそのまま撮影に利用できるケースは少ない。台本の設定上，季節に合わない植物や状況設定にそぐわないものを画面からはずす。川辺や公園などでの会話シーンではテーブルやベンチを持ち込むこともある。撮影に使用する車のナンバープレートを取り替え[†3]，自動販売機や交通標識を設置するなどの作業が発生する。撮影後の現場復元も美術の重要な仕事である。

4.3.8 ポストプロダクションでの美術

撮影終了後，美術デザイナーは，作品のビジュアル面での仕上りに関するプロセスに参加する。例えば，ロケ地で撮影した建物の外観が台本上の設定に合わない場合，それをデジタル処理によって変更する[†4]。SF 的なテーマの作品の場合，スタジオに部分的に作った船の全体像を CG 画像と合成することで完成させる，あるいは宇宙船のセットの外観を完成させるなどの作業がある。美術デザイナーは，こうしたポストプロダクションでの作業のために，あらかじめスケッチやイメージ図を作成して，映像製作の初期段階から CG クリエイターや VFX のエンジニアとイメージを共有しておく（**図 4.9**）。

[†1] 撮影の順番は，台本におけるシーンの順番とは関係ない。撮影時のヘアスタイル，衣装や小物は，台本の時間設定に気をつけて用意しなければならない。

[†2] おもに，記録担当の仕事であるが，小道具の状態や衣装の状態などは，美術スタッフも気を配らなければならない。

[†3] 使用された車が特定されないよう架空のナンバープレートをつける。

[†4] 建物の屋根をスレート葺から瓦屋根に変更する，あるいは店舗の名前や看板を入れ替える，時代劇の背景にそぐわない現代のビルを消すなどである。

 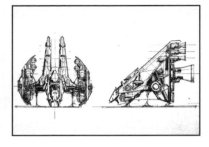

（a） 完成した CG 映像 　　　　　（b） イメージスケッチ

図 4.9　美術デザイナーによる CG 映像の設計
〔NHK『木星脱出作戦』（1994）より〕

4.4　オープニングタイトル

オープニングタイトルのデザインは，映像作品のビジュアルイメージを決定
づけるものとして，非常に重要である。美術デザインが，作品全体のビジュア
ルを決め，物語の背景を描き出すのに対し，オープニングタイトルは，映画の
冒頭で，作品の重要なメッセージを象徴的かつ端的に観客に伝える。

4.4.1　タイトルカードの時代

リュミエールによる世界初の映画はもちろんのこと，ジョルジュ・メリエス
の作品にも冒頭に**タイトル**は存在しなかった。映画はいきなり本編の映像から
スタートしたのである。映画の中にはじめて「文字」が表示されたのは，1900
年の作品『How It Feels to Be Run Over』であった。当初は俳優のセリフなど
を表示する目的で使われた**タイトルカード**だが，その後は，作品のタイトルや
製作者情報を表示するものが作られるようになった。

世界初の本編映画と言われるエドウィン S. ポーターの『大列車強盗』（1903）
では，その冒頭に作品名を示すタイトルカードが表示され，そこには映画会社
のトレードマークも入っていた。当時，そこには俳優の名前は入っていなかっ
た。

4.4.2　タイトルアニメーション

　D. W. グリフィスは，『ベッスリアの女王』(1914) や『國民の創生」(1915)
で，監督としての自分の名前をタイトルに表示している。この時点でタイトル
カードは，あくまで静止した画像であった。1906 年，ジェームズ・スチュアー
ト・ブラックトンは『Humorus Phases of Funny Faces』において，黒板に
チョークで描いたアニメーションをタイトルに使用した。アルフレッド・ヒッ
チコックの『下宿人』(1927) でも，動くタイトルが使用された。その後，映
画の上映開始前には「序曲」の時間が設けられるようになり，オープニングタ
イトルには，アニメーション技法が取り入れられて発展していく。

4.4.3　タイトルデザイナーの登場

　その後，1950 年台となり，**スタジオシステム**による独占が終わると同時に，
映画におけるグラフィック表現は，さまざまな**デザイン運動**や，広告美術など
の影響を受けるようになった。特に，ドイツの**バウハウス**によるモダンデザイ
ンや，**スイススタイル**の**タイポグラフィ**表現などは，タイトルデザインにおけ
る新しい方向性とアイデアの源泉となった。

　こうしたデザイン運動の中心となり，映画ポスターを手始めとして，**ミニマ
リズムスタイル**を，ハリウッドに持ち込んだのが，**ソール・バス**である。オッ
トー・プレミンジャーとの『カルメン』(1954)，『黄金の腕』(1955) や，ビ
リー・ワイルダーとの『七年目の浮気』(1955) で，革新的なビジュアルを生
み出した。その後も，ヒッチコックとの『めまい』(1959) や『北北西に進路
を取れ』(1959)，ロバート・ワイズとの『ウエスト・サイド物語』など，まさ
に，映画界におけるタイトルデザインの分野を確立したと言えよう。

　『007 シリーズ』や『シャレード』(1963) などで有名な**モーリス・ビンダー**
や，スタンリー・キューブリックの『博士の異常な愛情』(1964) や『時計じ
かけのオレンジ』(1971) など数々の作品を手掛けた**パブロ・フェロ**も，20 世
紀後半の映画におけるタイトルシークエンスに斬新な映像表現をもたらした。

4.4.4 デジタル技法とモーショングラフィックス

ソール・バスらが手掛けたタイトルシークエンスは、アニメーション撮影用の機材での「手作業」が中心であった。2メートル近い大きな台紙に並べたグラフィックパーツ、一コマずつ動かしながら撮影するという慎重な作業が必要であった。その後、特撮技法やCG技法の発達によって、**モーショングラフィック**の新しい技法が生まれ、タイトルデザインは新しい時代に向かう。

CGの父と言われるジョン・ウィットニー Sr. が開発したモーションコントロールやスリットスキャンなどの技法によって、輝くロゴタイプや、光が尾を引くような**ストリーク表現**が可能となり、これらの表現は『めまい』や『スーパーマン』などのオープニングに使われた。21世紀となり、デジタル技法によるモーショングラフィックスの表現はさらに進化を遂げ、一台のPCの中だけでも多彩な映像表現を生み出すことが可能となった。

この技法を使い、現代における映画のタイトルデザインに斬新で革新的な表現を生み出しているのが、**カイル・クーパー**である。『セブン』（1995）における「震える文字」の表現が有名であるが、『アベンジャーズ』（1998）や、『ゴジラ FINAL WARS』（2004）、さらにはゲームタイトルのデザインなど、幅広い領域でのビジュアルデザインを続けている。これらの作品の素晴らしいアイデアは、徹底したリサーチと数々の試作など、作品への愛情と献身的な努力によって生まれたものである。

演 習 問 題

〔4.1〕 きわめてビジュアル的な要素の多い、ウェス・アンダーソンの作品を観て、映像の色彩や画面構成の特徴について考えてみよう。

〔4.2〕 アルフレッド・ヒッチコックのサスペンス映画はほとんどがスタジオで撮影されている、その撮影過程における美術デザインの工夫や仕掛けについて調べてみよう。

〔4.3〕 プリプロダクションからポストプロダクションまでの工程における、美術部門の仕事について、順を追って整理してみよう。

5章 名作物語
──感動を紡ぎ出す方法──

◆ **本章のテーマ**

　ホメロスによる『イリアス』や，イスラム世界で生まれた『千夜一夜物語』のような名作物語は，古来より語り継がれて，いまもなお輝きを失わない。こうした物語には人類全体への強力なメッセージや普遍的な価値観が宿っているのである。名作と言われる映画には，こうした名作物語をもとにしたものも多い。舞台が現代であっても，人々が感動する物語は過去の教えから変わらない。人間が人生を生きて成長する過程に必要な教えが埋め込まれているからだ。映画はエンタテインメントとして人々を楽しませると同時に，観客が自分自身の心の中を覗き込み，人生の隠された意味を知るきっかけともなる。本章では，こうした作品が生まれた過程を紹介する。

◆ **本章の構成（キーワード）**

5.1　物語の原点を探す
　　　　原作，脚色作品，物語の原点，英雄物語，短編作品の映画化
5.2　オリジナルの物語を作る
　　　　オリジナル脚本，ゴールデンパラダイム，ストーリーホイール
5.3　物語の時間構造
　　　　プロット，直線的時間構造，エピソード構造，コンテクスト構造
5.4　人生を経験する映画
　　　　他人を傷つけた人生，自己犠牲のヒーロー，人生の破滅と再起を描く
5.5　日常を遠く離れて
　　　　SFファンタジー映画，ロードムービー，江戸時代の就活
5.6　歴史の舞台に立つ
　　　　ジャーナリズム，人種差別を超えて，社会派ドキュメンタリー

◆ **本章を学ぶと以下の内容をマスターできます**

☞　原作の脚色作品とオリジナル脚本作品の違い
☞　名作物語を語る脚本の作り方
☞　名作映画のさまざまなテーマ

5.1   物語の原点を探す

　古典文学から題材を得たものや，原作をもとに脚色されたものを脚色作品と呼ぶ。また実際の出来事や事件に取材して作られた作品もある。

5.1.1   脚色作品と原作

　短編小説，長編小説，舞台演劇，新聞記事や，ポップスソングなど，さまざまな**原作**に基づく**脚色作品**がある。近年では，ゲームやコミックが原作の脚色作品も増えている。『ショーシャンクの空に』（1994，フランク・ダラボン）は，ある偶然から無実の罪に問われることになった主人公の闘いである。スティーヴン・キングの中編小説『刑務所のリタ・ヘイワース』に忠実である。

図 5.1　『蜘蛛巣城』シェイクスピア劇を
　　　　　原作とした作品

　『蜘蛛巣城』（1957，黒澤明）の原作は，シェイクスピアの『マクベス』である。日本の戦国時代に設定するなど大胆に翻案しているが，マクベスの主題を最もよく再現していると世界的な評価を受けている（**図 5.1**）。同じ黒澤明の『乱』（1985）の原作は『リア王』である。また，SF の古典『禁断の惑星』（1956）の原作は『テンペスト』である。シェイクスピア作品は，さまざまな設定の映画で再現されている。

5.1.2   物 語 の 源 流

　古典文学の多くは，かつて修正されて語り継がれてきた伝承の物語が一つの形に定着したのである。ホメロスが伝えた古代ギリシアの物語『イリアス』や『オデュッセイア』には歴史的事実とともに，名作物語の特徴である人間の深層心理に到達するような深い物語が隠されている。

　これらの英雄伝説に内在する物語のパターンは，ジョーゼフ・キャンベルに

よる著書『千の顔をもつ英雄』で解析されている。これらの**英雄物語**のパターンを，ジョージ・ルーカスが『スター・ウォーズ』シリーズに適応して大成功を納めたことは有名である。『アーサー王』の伝説も，現代の作品に多くのインスピレーションとアイデアを与えて続けている。

　日本にも『日本霊異記』や『宇治拾遺物語』など，不思議で奥深い物語の宝庫がある。黒澤明による『羅生門』（1950）は，芥川龍之介の『羅生門』と『藪の中』を原作としているが，その原典はいずれも『今昔物語』である。溝口健二の『雨月物語』の原作も『今昔物語』から着想を得ている。

5.1.3　短編作品の映画化

　映画『LIFE！』は，ジェームズ・サーバーの短編小説をもとに，スティーヴ・コンラッドが大胆に脚色したものである（11.1.2項参照）。同じく短編小説から映画化された例として，山田洋次による『幸福の黄色いハンカチ』（1977）がある。やはり，ピート・ハミルによる短編小説『Going Home』をもとに脚色された†。映画におけるプロットは，ごくシンプルなものでも感動的な物語として生かすことができる好例と言えよう。

　『七人の侍』（1954）には，農家にたてこもる盗賊を島田官兵衛が取り押さえるシーンがある。これは昔，神泉伊勢守が僧体となって狂暴な武士を取り押さえたというエピソードに基づいている[2]。

5.2　オリジナルの物語を作る

　映画のために，新しいアイデアで書き下ろされたものを**オリジナル脚本**と言う。オリジナルでストーリーを作り出す技法やプロセスについて紹介する。

---

†　ピート・ハミルは，この物語の原型は，アメリカ各地で語り継がれた話に見ることができる，と述べている[1]。

5.2.1　オリジナル脚本

　名作ラブストーリーである『ゴースト/ニューヨークの幻』の脚本は，ブルース・ジョエル・ルービンが書き下ろした。しかしこの作品では，撮影期間中も通じて，監督のジェリー・ザッカーとルービンによって，修正が続けられた。作品の制作と同時に書き進められたオリジナル**脚本**ということになる。

5.2.2　ゴールデンパラダイム

　脚本家ジェームス・ボネットは，古今東西の名作物語に隠された力を用いた脚本術を推奨する[3]。ボネットによれば，古来より伝わる強力なストーリーには，**ゴールデンパラダイム**が用いられている。これは，人間の深層心理に広がる強い力や，世界に共通した価値観，人生の真実に関わるルールなどである。良質な物語を作るためには**ストーリーホィール**を用いることで，善と悪の価値観の対立や，登場するキャラクターの成長や運命の展開を明確化できる。**ストーリーフォーカス**は，ストーリーホイールのどの部分に焦点を当てるかにより，真実に向かって成長する主人公や，逆に人生で罪を犯し堕落していくキャラクターを描く手法である。

5.2.3　SAVE THE CAT の法則

　ブレイク・スナイダーは著書『SAVE THE CAT の法則』で，明確な脚本術を考案した[4]。それによれば，ストーリーの**ターニングポイント**を第1幕と第2幕の中で示し，第3幕の前には「主人公がすべてを失う」といった，大きな転換点を設けるべきである。このほか，状況説明を簡潔に行う方法や「猫を救う」といった行為で主人公への共感を得る方法，観客を納得させるためには「魔法は1回限り」などのルールを解説している[†]。また，「10のストーリータイプ」として「家の中のモンスター」「難題に直面した凡人」「人生の岐路」などの物語のパターンとその展開の法則を解き明かしている[5]。

---

†　都合の良い設定や偶然の出来事は「1回限り」でないと観客は納得しない。

5.2.4 脚本（シナリオ）通りにはいかない！

『踊る捜査線』シリーズなどの脚本を手掛けた君塚良一は，さまざまな映画作品を分析するとともに，独特の視点から脚本を書く技法について語っている[6]。ハリウッド的な映画の法則は**三幕物**であるとして，物語を3回盛りあげることを挙げている。観客は2度の盛り上がりの後に3度目に期待するからである。また，ストーリーの構成では，主人公をまず「屈ませ」，のちに「ジャンプ」させる。そして彼を予測不可能な方向に「ひねる」ことで最後の「着地」が観客にとって，新鮮で意外なものとなる。**起承転結**の発展形である。

このほかに「良い知らせと悪い知らせ」を交互に出すこと，「個人旅行と団体旅行」[†1]，「心の羽を開閉する」[†2] などのルールや手法を紹介している。

5.3 物語の時間構造

映像作品の中で人々は時間の流れとともに物語を読み取る。しかしその**時間構造**は一定ではない。本節では，映画における物語の構造について考える。

5.3.1 プロットと物語

ストーリーを，映画というメディアが持つ構成要素やスタイルに置き換えたものが**プロット**である。プロットに必要なものは「因果関係」である。あるプロットは，別のプロットと因果関係で結ばれ，空間と時間において，たがいに関連していなければならない。それによって，連続性が生まれる。主人公と敵役の間には「対立」が生まれる。これが，サスペンスであり，対立である。この対立はいずれ究極の終盤を迎えることとなりそれは，**クライマックス**となり，観客は結末を知ることになる。そしてそれが，ハッピーエンディングなのか，悲劇的な結末かは映画によりさまざまである。こうして，プロットのさまざまな要素が集まり，特定の構造を形成することで物語が形作られる。

---

† 1 主人公が独りで行動するパートと，ほかのキャラクターと併走するパート。
† 2 心の羽を閉じている状態は，主人公が周囲の気持ちが理解できない状態。

5.3.2 直線的時間構造

直線的構造（**アリストテレス的構造**）には「**冒頭**」「**中間**」「**エンディング**」がある[†]。「冒頭」では，ある特定の状況設定のもとで主人公が動きだす。主人公は，しだいに自分の夢を語り，行動を始める。そして「中間」では，その主人公の目的達成を妨害するものが現れる。同じ目的を追い求めるライバルだろうか。あるいは主人公に対して悪意を持った敵役かもしれない。こうした障害に阻まれながら，主人公は苦しみながら道を進む。ある時は主人公を助けるキャラクターや，問題解決の鍵を握る人物が現れる。そして最後に，すべての結末が明らかになる「エンディング」に到達する。

5.3.3 コンテクスト構造

『若草の頃』（1944，ヴィンセント・ミネリ）は，卒業パーティ，ハロウィン，クリスマスと，季節をめぐるように，エピソードが続く。時間を飛びながら語る**エピソード構造**の作品である。アメリカンニューシネマの『イージーライダー』（1969，デニス・ホッパー）も同様に，たがいにゆるい関係にあるエピソードの連鎖構造となっている。**コンテクスト構造**は，時系列的な展開はなく共通の雰囲気やテーマといった文脈ごとの結びつきで，物語が展開される。ミュージックビデオで用いられる。夫婦の思い出の各場面を中心に展開する『いつも2人で』（1967，スタンリー・ドーネン）や，ピンク・フロイドのコンセプトアルバムを映像化した『ザ・ウォール』（1982，アラン・パーカー）はこの形式で作られている。

5.4　人生を経験する映画

名作映画の条件とはなんだろうか。UCLA フィルムスクールで教えるハワード・スーバーは，「名作映画」の条件として「人々の記憶に残る」ことを挙げ

[†]　名作劇は何度も繰返し上演されても感動を呼び起こす。アリストテレスは，こうした芝居の持つ共通の構造について考えた結果この構造に気がついた。

ている[7]。

　これらの映画の多くは，まさに人生とはなにかを描き時代を超えて真価が認められたのである。そして，おそらくこうして，長い時間を生き残った映画の中では，必ず一つの「人生の真実」が語られているのではないだろうか。

5.4.1　必要なことは映画で学べる

池波正太郎はこう語る。

　「なぜ映画を見るのかといえば…。人間はだれしも一つの人生しか経験できない。だから様々な人生を知りたくなる。しかも映画は，わずか2時間で隣の人を見るように人生を見られる。」[8]

『攻殻機動隊』（1995）で有名な押井守監督は

　「仕事に必要なことはすべて映画で学べる。」

と語っている[9]。名画の中には，いずれだれもが体験する人生のリアルな出来事や，社会で生き抜くための知恵がある。

5.4.2　他人を傷つけた人生

　「親子の対立」「自分の才能への疑問」「友情と裏切り」「他者との競争」「敗北と挫折」こうした打ちのめされるような経験は，生きる力となり人生の糧となるかもしれない。名作映画の中に，こうした人生の一面を描くものを探してみよう。

　『ハリウッド白熱教室』のドリュー・キャスパーが推薦するのは『陽のあたる場所』（1951，ジョージ・スティーヴンス）である。貧しい生活を送る主人公のジョージは，ある日上流過程の親戚の家を訪れる。そこで社交界の花であるアンジェラと出会い身分違いとは知りつつ彼女との恋に落ちる。ジョージは，そこで邪魔になった女性アリスを殺害してし

図 5.2　『太陽がいっぱい』友人から
　　　人生を奪う

まう。同様のテーマで，人生に邪魔な相手を消そうとする若者の悲劇を描いた
ものとして『太陽がいっぱい』（1960，ルネ・クレマン）や『死刑台のエレ
ベーター』（1958，ルイ・マル）がある。いずれも上流の生活に憧れて，他人
の生活を破壊してしまった青年の末路を描く（**図5.2**）。

5.4.3 自己中心的な生き方

『殺人狂時代』（1947，チャールズ・チャップリン監督主演）の主人公である
アンリ・ヴェルドゥは，自分と家族が生きるために連続殺人事件を起こし死刑
となる。

> 「*死の予告を受けたとしたら，人は残された時間をどのように生きていくか？そ
> の時にひとかけらの美しい思い出も，愛も支えもないとしたら。*」

死刑執行前にヴェルドゥが語る言葉には人生の空虚が見える。

近年のマネーブームと過剰な儲け主義に警鐘を鳴らす作品もある。社会派監
督オリバー・ストーンによる『ウォール街』（1987）では，清貧であっても正
直に生きる父親と，手段を選ばず金を儲けようとする息子の葛藤が描かれてい
る。「手段を選ばず金を儲ける」という自己中心主義は許されるのだろうか。
『虚栄のかがり火』（1990，ブライアン・デ・パルマ）では，金融トレーダー
が，お金を中心とした放蕩の生活の末に人生の大事なものを失ってしまう。

5.4.4 自己犠牲のヒーロー

チャン・イーモウ（張芸謀）の『至福のとき』（2000）では，目の見えない

図5.3 『至福のとき』盲目の少女を
助けようと奔走する人々

少女を助ける善良な人々の奮闘が描か
れる。自分の人生を犠牲にした人間は，逆
に人生からなにを得たのか？ 深く考え
させられる物語である（**図5.3**）。

チャップリンは，『街の灯』（1931）や
『ライムライト』（1952）で，自らの境遇
を顧みずに困窮する相手に手を差し伸べ

る主人公を描いた。こうした物語を世に送り出したチャップリンは，彼の生涯にわたる映画製作を通じて，「他者への愛」を訴えた。

5.4.5　青春時代に起きた大事件

『サード』（1978，東陽一）では，高校生がほんの出来心で始めたビジネスが最悪の結果を引き起こす。軒上泊が，少年院で法務教官を務めた体験をもとにした『九月の町』が原作であり，寺山修司が脚本を担当。少年による犯罪とその後の更生の問題を赤裸々に描いた。

イ・サンイル（李相日）の『フラガール』（2006）も，ひたむきに生きる少女の成長の物語である。フラガールとして新しい時代を生きたい娘と，価値観の違いから認められない母親がぶつかり合う。

5.4.6　人生の破滅と再起を描く

フランク・キャプラの『素晴らしき哉，人生！』（1946）では，幸せな環境に育った正直な若者が，襲いかかる不運の連続に屈して自殺にまで追い込まれる。しかし天使に見せられた未来の映像に目覚めて，改めて人生を生きる意味を知る。

『フィッシャー・キング』（1991，テリー・ギリアム）では，ニューヨークの売れっ子 DJ が，番組での不注意発言によって銃乱射事件を引き起こす。他人の人生を傷つけた悔恨のあまり生きる力を失った主人公は，事件の被害者によって救済される。友情と信頼による癒しの力が描かれる（**図 5.4**）。

図 5.4　『フィッシャー・キング』銃乱射事件で傷ついた友人を救う

黒澤明の初期作品『生きる』（1952）では，主人公，渡邊が胃癌を宣言されるところから物語が始まる。いままで「生きる」意味を見失っていた主人公が，悲劇をきっかけにして立ち直る。他人のために人生を捧げることで，彼はやっと，

生きる意味を見出して人生のヒーローとなることができた。

5.5	**日常を遠く離れて**

　映画の素晴らしさは，時代劇や SF などのジャンルで現在のわれわれの人生を離れてさまざまな状況における人間を描けることである。そこには，現実世界ではあり得ない逆境や試練と戦う主人公がいる。映画には，人々の「想像力」を解放して夢の世界へと放り投げてくれる力がある。自由な心でその世界観を楽しみつつ，作品が内包するテーマについて考えることができる。

5.5.1　SF ファンタジー映画

　大学生にも人気のマルチタレント，中川翔子さんが忘れない本は『2001 年宇宙の旅』（1968）だそうだ。あるインタビューの中で

> *「1 日 1 回は宇宙のことを考えるようにしています。圧倒的な広がり，流れた時間の長さを考えると興奮して，自分のちっぽけな悩みがどうでもよくなってくるから」*

と語っている[10]。

　リドリー・スコットの『ブレードランナー』（1982）が名作と言われるのは，それが単なる SF アクション映画ではなく，アンドロイドの寿命とは「人間の命の限界」と本質的に同じであるという重いテーマを描いているからだ。『わたしを離さないで』（2010，マーク・ロマネク）も，臓器移植のためのクローンとして生まれた若者の苦悩が描かれる。ノーベル賞作家，カズオ・イシグロによる同名小説を原作とし，未来という形をとってはいるが，現代の再生医療における倫理的な問題を冷徹につきつける物語である。同様に未来の社会で，不条理な現実に支配される人間の姿は，テリー・ギリアムの『未来世紀ブラジル』（1985）や，フランソワ・トリュフォーによる『華氏 451』（1966）などのディストピア映画と呼ばれる作品で描かれている。日常生活のすぐ隣に，狂気の時代が顔を出す。

5.5.2 非日常の出会い ── ロードムービー ──

『男はつらいよ』シリーズの車寅次郎の旅の理由は単純である。旅ガラスの
テキ屋商売であるうえに，たまに故郷の柴又に戻ってきても喧嘩っ早く，騒動
を起こしては家を飛び出す。シンプルながら永遠の**ロードムービー**の設定であ
る。生みの親の山田洋次ですら，この映画が日本中を旅する続編が続き世界記
録に達するとは思わなかったとのことである[†]。旅をテーマとした物語には，
つねに非日常的な出会いやハプニングがある。その過程で人生の因縁や不思議
なつながりが描かれる。一世を風靡した『木枯し紋次郎』（1972）も同じく旅
と人生をテーマにした**股旅物**の傑作 TV シリーズであった。

テレンス・マリックのデビュー作『地獄の逃避行』（1973）は，発作的に殺
人事件を繰り返す青年と少女による逃走の過程が美しくも冷酷に描かれる。社
会の底辺に生きる青年を苛立たせ犯罪に追い込んだものはなになのか。『テル
マ＆ルイーズ』（1991，リドリー・スコット）や『ミッドナイト・ラン』
（1998，マーティン・ブレスト）では，先のわからない旅を続ける主人公やそ

れを追いかける人々のエピソードが物語
の展開を鮮やかに彩る（**図5.5**）。ほか
に，詐欺師親子の道中を描いたピー
ター・ボグダノヴィッチの『ペーパー・
ムーン』（1973）や，ジェリー・ザッ
カーによる『ラット・レース』（2001）
など，名作ロードムービーには，非日常
的な旅の過程で予想もつかない展開が見
るものを引き込む。

図5.5 『ミッドナイト・ラン』痛快な
アクションと友情の物語

5.5.3 江戸時代の就活 ── 戦国時代のヒーロー ──

若者の目覚めと人間的な成長は，時代を超えた名作映画のテーマである。黒

[†] 同一の俳優による主人公が演じる映画シリーズとして世界最長（全48作）である。

澤明の『赤ひげ』（1965）は，御典医への出世を約束されたエリート若手医師の保本登の成長の物語である。社会の底辺に生きる人々を救済する医院で奔走する老医師赤ひげだが，保本はその仕事を軽蔑する。しかし診療所での過酷な経験を通して自分の無力を知り打ちのめされた彼は，いつしか赤ひげを師として尊敬するようになる。

　同じく，黒澤明の『姿三四郎』（1943）でも，柔道を通して成長し自分の無力を知り成長する若者として，三四郎の姿が描かれる。一方で，自分を犠牲にして弱者を救済する物語もある。『七人の侍』（1954）は，まさにこの典型であり，腕が立ち人格も崇高な武士たちが困窮する百姓のために命を投げ出す。

5.5.4　死後の世界を垣間見る

　人間はだれしも死をまぬがれることはできない。時間を自由に操ることができる映画では，主人公の死をめぐり，その教訓を語ることができる。『アメリカン・ビューティー』（1999，サム・メンデス）の，冒頭ナレーションはこうだ。

　　「今日は残りの人生の最初の一日，ただし一日だけ例外がある。それはあなたが死ぬ日だ。」

　日常生活のちょっとした出来事にも，人生を破滅へと導く危険は潜んでいる。

　ビリー・ワイルダーは，『サンセット大通り』（1950）を，プールに浮かんだ死体から始める。この死体が「自分がなぜこうなったか」について後悔を込めて過去を語りだす。映画業界で脚本家として成功し名声を得るために，人生の真実と幸福を犠牲にしてしまった青年の物語である。

　一方，死後の世界を垣間見ることができる作品として『ゴースト／ニューヨークの幻』（1990，ジェリー・ザッカー）や『フィールド・オブ・ドリームス』（1989，フィル・アルデン・ロビンソン）がある。フィクションだからこそ，死者の視点から見る物語が可能となる。これらの作品には，「いま生きている人生を大切に生きよ」というメッセージが隠されている。

5.6	歴史の舞台に立つ

　映像作品を通じて，人間社会の現実や歴史的事実を伝えることは可能だろうか？ そもそも「映像が描く真実とはなにか」という根本的な問題に行き着く。この疑問に答えることは難しい。人類社会は有史以来，その理想の姿に近づくため，変革や失敗を何度も繰り返してきた。人類が経験してきた過去を知り未来につなげるために参考となる歴史社会を扱った映画を紹介しよう。

5.6.1　真実を追うジャーナリズム

　複雑でわかりにくい社会の仕組みを，明快で感動的な形で描き，そこで戦った人々の姿を表現する。

　近代社会における起きる巨大権力と向き合った作品としては，アラン J. パクラの『大統領の陰謀』（1976）や『ペリカン文書』（1993）がある。同じく宗教団体の問題を追及した『スポットライト 世紀のスクープ』（2015，トム・マッカーシー）や，日航機墜落事故の真実を追った『クライマーズ・ハイ』（2008，原田眞人）などは，ジャーナリズムにおいて正義を貫く記者たちの悩みや苦闘が描かれる。

　『真実の瞬間（とき）』（1991，アーウィン・ウィンクラー）は，1950 年代にハリウッド社会に吹き荒れたマッカーシズムの猛威と，それに立ち向かった人々の姿を描く佳作である。こうした冷酷な社会現象は，いつの時代にも起こり得ることを教えてくれる。

5.6.2　人種差別の歴史を知る

　アメリカ南部社会で黒人差別と戦う弁護士アティカスを描いた『アラバマ物語』（1962，ロバート・マリガン）は，ハーパー・リーの名作小説をもとに作られた。正義をもって不平等な社会と戦う父親の姿を主人公である娘が見つめる（**図 5.6**）。『マンデラの名もなき看守』（2007，ビレ・アウグスト）は，のちの南アフリカの大統領ネルソン・マンデラの長い闘いの日々を描いている。

図 5.6 『アラバマ物語』黒人差別に
立ち向かう弁護士とその娘

アメリカ合衆国における黒人問題を描いた作品としては，『グリーン・ブック』（2018，ピーター・ファレリー）や，『それでも夜は明ける』（2013，スティーヴ・マックイーン）がある。いずれも，現代社会からは窺い知ることもできない，西洋社会における人種差別の過酷な歴史を峻烈に描いている。

5.6.3 法廷で闘い抜く

『エリン・ブロコビッチ』（2000，スティーヴン・ソダーバーグ）は，公害訴訟に関する実話に基づいた映画である。巨大企業が起こした土壌汚染と住民の健康被害問題。主人公は法律は素人のシングルマザーだが，偶然目にした調書から問題を発見し，正義感に燃えて立ち向かうことに。しかし問題を隠蔽しようとする企業による妨害や，住民間の意見の対立など，数々の問題が彼女の前に立ちふさがる。しかし不撓不屈に活動を続ける彼女を見て，半信半疑だった人々もしだいに突き動かされていく[11]。

名匠シドニー・ルメットが医療問題をテーマに描いた『評決』（1982）も**法廷を舞台にしたドラマ**である。過去の事件が原因でどん底の生活を送っていた老年の弁護士（ポール・ニューマン）が，医療ミスの被害者との出会いをきっかけに，正義の戦いに目覚める。真実を隠蔽しようとする組織を相手にして，勝ち目のない無謀な戦いに挑む。

5.6.4 崩壊する社会制度

『ミュージック・オブ・ハート』（1999，ウェス・クレイヴン）は，ロベルタ・ガスパーリという実在の女性教師による闘いの記録である。ニューヨークのハーレムで，貧しい子供たちのバイオリン教室を運営する彼女は，ある日突然市の予算カットによって教室の閉鎖を余儀なくされる。教室の再開にむけて

奮闘する彼女を応援するために，世界的音楽家たちが立ち上がる。

　先進国イギリスにおける社会問題をテーマに，ケン・ローチは底辺に生きる人々の苦しみを描く。『この自由な世界で』（2007）では，移民問題と労働事情が描かれ，『わたしは，ダニエル・ブレイク』（2016）では，社会保障によって救済されない労働者の悲劇が語られる。『麦の穂をゆらす風』（2006）では，アイルランド独立戦争に翻弄される若者たちの悲劇が感動的に描かれた。

5.6.5　歴史の舞台に立つ

　『ガンジー』（1982）と『遠い夜明け』（1987）は，どちらもリチャード・アッテンボローによる**歴史大作映画**である。植民地時代の負の遺産として人種差別問題を抱えた国が，平和的な近代国家として変化していく。国家の独立運動や人種差別撤廃の活動に身を捧げた人々の姿が史実に基づいて描かれる。

　『ダンス・ウィズ・ウルヴズ』（1990，ケビン・コスナー）では，南北戦争当時のアメリカにおける，白人と先住民との関係を知ることができる。先住民の人権問題は，地球上のどの大陸にも存在するが，本作はアメリカ開拓民と先住民の両方の視点から描かれた佳作である[12]。

　『アラビアのロレンス』（1962，デヴィッド・リーン）は，英雄ロレンスの歴史的評価が二分されていることをふまえ，彼の生涯の意味を観客自身が考える演出である。ベドウィンの衣装に身を包んだロレンスはトルコ軍と闘い，難攻不落と言われたアカバ要塞を陥落させた。

　『プライベート・ライアン』（1998，スティーヴン・スピルバーグ）や『シン・レッド・ライン』（1998，テレンス・マリック）は，第二次世界大戦における戦闘で犠牲になった若者たちの姿を冷徹なドキュメンタリーのスタイルを借りて描いている。戦争が二度と起きないことを願う映画監督たちからのメッセージである。『シンドラーのリスト』（1994，スティーヴン・スピルバーグ），そして『戦場のピアニスト』（2002，ロマン・ポランスキー）は，ナチス・ドイツによるホロコーストの実態を描き，人類史における最悪の過ちを描き出し，未来に向けた警鐘を鳴らしている。

5.6.6　社会派ドキュメンタリー

　ここでは，社会問題における当事者に取材し，事実を映し出す**ドキュメンタ
リー**作品を紹介する。新潟県を流れる阿賀野川流域の人々の生活を描いたド
キュメンタリー『阿賀に生きる』（1992，佐藤真）は，その手法においても
テーマにおいても，日本映画において重要な位置を占める。美しい自然に恵ま
れた阿賀野川が，工場排水のために「第二水俣病」の発症源となってしまっ
た。その事実を知りながらも土地を離れることをせずに，生活を守る人々の姿
を，怒りを秘めた冷徹な映像に写し出した。現地に住み込みながら長い時間を
掛けて，阿賀の人々の暮らしと寄り添いながら撮影されたものである。

　挑発的な取材手法でドキュメンタリーを制作するマイケル・ムーアによる
『ボウリング・フォー・コロンバイン』（2002）は，1999 年におきたコロンバ
イン高校銃乱射事件の被害者に取材し，銃器大国アメリカ社会に横たわる問題
に疑問を投げかける。

　『Little Birds — イラク戦火の家族たち』（2005）は，世界各地の紛争地で取
材する綿井健陽によるドキュメンタリーである。彼自身がイラクで取材した
100 時間を超える映像から，イラク市民の視線に立ちつつ戦争の惨禍をダイレ
クトに伝える。普段のニュース映像からは計り知れない現実と，罪のない人々
の運命を一瞬にして狂わせる戦争の残酷さを訴えている。

演 習 問 題

〔**5.1**〕　『赤ひげ』など，原作をもとにした脚色作品を見たうえで，原作の小説（山
本周五郎）も読み，文章表現と映像表現の違いについて考えてみよう。

〔**5.2**〕　完全なノンフィクションであるドキュメンタリーと，事実をもとに脚色さ
れた作品を比べて，映像による説得性について考えてみよう。

〔**5.3**〕　SF 作品や時代劇など，現代のわれわれの生活からかけ離れた世界を舞台
にした作品で，人間がどのように描かれているか考えてみよう。

第Ⅱ部：映像表現とテクノロジー

6章 映像の先駆者たち
——斬新なアイデアの作り方——

◆ 本章のテーマ

　「映画」が発明されてから現代に至るまで，映像の表現力は飛躍的な進歩を遂げてきた。その原動力として活躍してきたのが，本章で紹介する「映像の先駆者たち」である。「映像によってなにができるのか」を考え「なにか新しい表現」を実現するための技法を完成させたクリエイターたちである。本章では，彼ら「映像の先駆者」たちによる映像技法の革新の軌跡を紹介する。

　アニメーションや特撮，VFX 映像などの技術が飛躍的な成長を遂げてきたのも，彼らによる実験によるものが大きい。彼らの多彩なアイデアは，いまも CM 広告，ミュージックビデオ，アートアニメーションなどのさまざまな映像作品の中に生きている。彼らが残した作品中から，映像への情熱とインスピレーションを受け取り，映像表現の持つ無限の可能性を感じ取ってほしい。

◆ 本章の構成（キーワード）

　6.1　実験映像の時代
　　　　立体アニメーション，ダイレクトペイント，スリットスキャン
　6.2　映像によるアート表現
　　　　ワイヤーフレーム，ビジブルインビジブル，シュールレアリズム
　6.3　MV のクリエイターたち
　　　　ミシェル・ゴンドリー，スパイク・ジョーンズ，マーク・ロマネク
　6.4　MV 表現のアイデア
　　　　タイムラプス，低速度撮影，コマ撮り，ピクシレーション，
　　　　タイムスライス，バレットタイム

◆ 本章を学ぶと以下の内容をマスターできます

☞　映像表現の可能性に挑戦した先駆者の足跡
☞　映像の先駆者たちが発見し改良してきた表現技法
☞　MV 作品のクリエイターたちの斬新なアイデアの作り方

実験映像の時代

20世紀前半には，フィルムを使ったコマ撮りや，機械式撮影装置をコンピュータで操作する「実験的映像手法」に挑戦し，映像による前衛的な表現に挑んだ先駆者が登場した。

6.1.1 オスカー・フィッシンガー

オスカー・フィッシンガーは，抽象的なイメージが音楽と同期してリズミカルに動く映像や，立体をコマ撮りした作品に取り組んだ。1930年代にドイツで活躍したのちにハリウッドに活動の場を移し，**ディズニー**の音楽ファンタジー『ファンタジア』（1940）に参加した。その後も，あくまで純粋な抽象芸術に専念して『モーション・ペインティング No.1』（1947）などの古典的名作を残した。彼の作品と思想は，その後の映像作家だけでなく，音楽家のジョン・ケージなど数多くのアーティストに大きな影響を与えた。

6.1.2 ノーマン・マクラレン

さらに多様な「実験映像」の制作を続け，さまざまな映像表現手法を開発したのが，**ノーマン・マクラレン**である。1930年代から1980年代にかけて，お

図6.1 『隣人』ピクシレーション技法

もにカナダの**ナショナルフィルムボード**（NFB）を拠点として，70作品もの歴史的名作を残した。特に人物やモノを使った**立体アニメーション**の技法は，**ピクシレーション**と呼ばれ近年のミュージックビデオ（MV）などの映像表現に大きな影響を与えている[†]。特に『隣人』（1952）は，冷戦下における国家の対立に警鐘を

[†] マクラレンの立体アニメの手法は彼自身により「ピクシレーション」と名付けられた。語源はイングランドの妖精を意味する「Pixy」である。

鳴らし，人類の平和へのメッセージを放つ作品となった（**図6.1**）。フィルム
に直接描き込む**ダイレクトペイント**など，さまざまな手法を試行して映像を
「芸術的表現」として高めた。マクラレンの作品群は，その後の**ビデオアート**
作家への重要なインスピレーションであり続けている。

6.1.3　ジョン・ウィットニー Sr.

　アイヴァン・サザランドと並び「CG技術の父」と言われる**ジョン・ウィッ
トニー Sr.** は，「音楽を視覚化する実験」に挑戦した映像作家である。1937年
から2年間，パリで音楽を学んだ彼は，弟のジェームズとともに**ビジュアル
ミュージック**というテーマで音楽的な映像の創作に挑み，『Film Exercise #1 ～
5』（1943 ～ 44）や『Lapis』（1966）などの作品群を残した。彼らは，パンタ
グラフ機構などの機械装置を使った作画を行い，その素材をコマ撮りすること
で，抽象芸術としての作品を制作した。画像素材やカメラを移動しながら撮影
する手法は，のちに**スリットスキャン**に応用された[†]。**オプチカルプリンター**，
ポスタリゼーションなどの技法もその後の実験映像作品に影響を与え，CG技
法初期のグラフィック表現に多用された。

6.2	映像によるアート表現

　その後，映画産業の興隆とともに，カラーフィルムやワイド画面の大型上映
設備などが生まれて，映像表現はさらなる発展の時代を迎えていた。1970年
代には，初期のCG技法やビデオによる合成技術なども生み出されて，映像表
現の可能性はさらに広がった。この新しい時代には，また新たな世代の映像の
先駆者たちが登場してアート的な表現を探究した。

[†]　『めまい』（1958）のオープニングや『2001年宇宙の旅』（1968）のスターゲートシー
ンなどに使われた。

6.2.1 チャールズ・イームズ

ミッドセンチュリーのアンティークで人気の「イームズ・チェア」は，**チャールズ・イームズ**のデザインである。彼は世界的な工業デザイナーであるが，先駆的な科学映像に取り組んだ映像作家としても有名である。特に『Powers of Ten』（1968）は，「10 の階乗による飛躍」をコンセプトに，人間の細胞のミクロ世界から大宇宙の果てまで一気に駆け抜ける，という驚異的な科学映像であった。CG をいっさい使わずに迫真のシミュレーション映像を作り上げた本作は，科学映像の古典的名作である。イームズは，同じくデザイナーである妻のレイとともに，空間と映像の総合的表現にも挑戦した。万国博でのIBM 館において展示された作品『Mathematica：A World of Numbers…and Beyond』（1961）や，『Think』（1964）などの映像作品は，つねにデザインマインドを通じた問題解決の方法や，創造的で合理的な思考を追求する姿勢が貫かれている。

6.2.2 ロバート・エイブル

ロバート・エイブルは 1970 年代に，当時はまだ初歩的段階にあった CG 技術を CM 映像の制作に積極的に取り入れた。当時はまだ**ワイヤーフレーム**（線画）による描画が限界であったが，それを幾重にも重ね合わせることでボリュームを出し，スタジオで撮影した実写素材と合成することで，斬新な表現をつぎつぎに生み出していった。美しい色彩と鮮烈なアイデアにあふれたこれらの作品群は，その後の CG 映像表現の方向に大きな影響を与えた（**図 6.2**）。彼の作品に共通するコンセプトは**ビジブルインビジブル**（visible invisible ＝ 不可視を視る）であった。MGM のスタジオのそばで育ったエイブルは，少年時代から映像に興味を持ち，映画のオープニング映像の巨匠，ソール・バスの事務所で

図 6.2 CM 作品『Brilliance』

のアルバイトを始めた。そこで彼は，ジョン・ウィットニー Sr. や，チャールズ・イームズなどの才能と出会い，創作の場を広げていった。

6.2.3　ズビグニュー・リプチンスキー

ポーランド出身のズビグニュー・リプチンスキーは，ハイビジョンによる映像技術を用いて，独特の世界観を表現した芸術作品を作り上げた。人間の潜在意識から生じるイメージを用いた**シュールレアリズム**の作家のように，反復する夢幻的映像を多層的な合成技法で実現した[†]。世紀末のヨーロッパを彷彿とさせる作品『オーケストラ』(1990) は，クラシックの名曲を主軸に，人生のさまざまな場面を夢のように表現した抒情詩的作品であり，「人間の一生」をテーマに，見るものの想像力をかき立てる力がある（**図 6.3**）。その中でも，祖国ポーランドの歴史を感じさせる一遍『ボレロ』では，モーリス・ラヴェルの音楽が「反復と変化」を続けるのに合わせ，変化してやまない人間社会の営みが風刺的に描かれている。一見すると，リプチンスキー作品における合成と撮影には，モーションコントロールが用いられているように見える（7.4.3 項参照）。しかし実際にはそのほとんどが，自作の台車を自ら手作業で動かしての撮影であった。一定間隔のクリック音を聴きながら，タイミングを合わせていく移動撮影は，彼にしかできない職人技である。こうしたリプチンスキーの作品からは，芸術的インスピレーションだけでなく，作品に立ち向かう作家としての強い意志力を学ぶべきである。

図 6.3　『オーケストラ』反復と変化を続けるイメージ

[†]　ハイビジョン技術が登場する前のアナログビデオ技術では，合成のたびにコピーされた映像が劣化する。そのために合成の回数には限界があった。

6.3   MV のクリエイターたち

通常の映像は，現実の時間を再現する形で「物語」を伝える。しかし音楽とともにあるとき，映像は表現の羽を自由に広げて「詩的」表現に近づくことができる。**MV**（music video）は，音楽のメッセージを視覚化し，その世界観を情感的に表現する。1981 年に，音楽専門チャンネル **MTV**（music television）が開局してから，MV 映像は音楽とともに刺激し合って新しい表現を生み出してきた。本節では，MTV の旗手とも言える第一線のクリエイターを紹介する。彼らは，どのようにして斬新なアイデアを生み出し，革新的な MV 映像を制作してきたのか。

6.3.1   ミシェル・ゴンドリー

つねに多彩で刺激的な映像作品を作り続ける，**ミシェル・ゴンドリー**は，現代の MV における最高のクリエイターの一人である。彼が描く映像世界は，一見したところまるで子供が見る夢のようだ。しかしそれは，深い深層心理につながるイメージが，音楽の詩的表現と出会うことで化学反応を起こした心象風景でもある。特にアイスランドの天才的ソングライター，ビョークとのコラボレーションである『Human Behavior』（1993）や『Hyperballad』（1996）などは，ポップミュージックと洗練された芸術表現の融合と言えよう。

『エターナル・サンシャイン』（2004）や，『恋愛睡眠のすすめ』（2006）などの作品では，映画監督として独特の空想的世界を表現する。物理的な現実世界と，人間の記憶や夢の世界とを多重的に対比して描く独特の映像表現である。

ミシェル・ゴンドリーから学ぶべきことは数多くあるが，特に強調しておきたいことは，彼自身が過去の作家の作品をよく研究し，先人たちのアイデアを貪欲に取り入れていることである。例えば，ホワイト・ストライプスの『Fell In Love With A Girl』（2001）は，オスカー・フィッシンガーらが試みた立体アニメーションの現代版であり，『The Hardest Button to Button』（2003）は，ノーマン・マクラレンの『隣人』（1952）で用いられたピクシレーションの応

用表現である。カイリー・ミノーグの『Come Into My World』（2002）では，ズビグニュー・リプチンスキーが『オーケストラ』（1990）で試みた反復的な多重合成を，ダンスミュージックに応用していることがわかる（**図6.4**）。

図6.4　『Come Into My World』多重合成による映像の反復表現

　ビョークの『Bachelorette』（1997）やケミカル・ブラザーズの『Let Forever Be』（1999）では，往年のハリウッド映画のように実写による撮影の素材を用いて合成するなど，あえて手間と時間の掛かる作業を厭わない。ミシェル・ゴンドリーの作品はまさに映像表現の「アイデアの宝箱」である。

6.3.2　スパイク・ジョーンズ

　『マルコビッチの穴』（1999）や『her』（2013）などの作品で，映画監督としても著名な**スパイク・ジョーンズ**も，MV作家としてキャリアをスタートした。ダンサーとしての経験をもとに，作中のダンサーの振付けやパフォーマンス演出が傑出している。『Weapon of Choice』（2000，ファットボーイ・スリム）では，性格俳優クリストファー・ウォーケンを起用しMTV年間賞を受賞した。

人生に疲れた中年男性が，無人のホテルで躍り狂うという意表をついた演出にだれもが驚かされた（**図6.5**）。まるでCGのように無限に変化するカラフルな部屋で，女性ダンサーが踊るApple HomePodのCM『Welcome Home』（2018）も話題となったが，これも，スタジオにおける実写による撮影であった。

図6.5　『Weapon of Choice』意表を突く映像演出

ジョーンズの映像作品で特筆すべき表現技法は「時間を操る」アイデアとテクニックである。『Drop』（1996，ファーサイド）では，撮影した映像のすべてを逆回転させた。撮影時に，バンドメンバーが曲をすべてさかさまに歌ったため，結果的にはバンド以外の周囲すべてが逆回転して見える不可思議な効果が生まれた。ウィーザーの『Undone』（2001）も，一見するとなんの変哲もない映像に見えるのだが，これはすべての映像が「倍速」で撮影されたものである。われわれが普段感じている「時間の速さ」は決して一定ではないということを感じさせる。MV 作品から，長編映画まで，ジョーンズの作品に通じているのは，自由な発想と遊び心，そしてそれを実現するバイタリティであろう。

6.3.3　マーク・ロマネク

前述の二人に加えて特筆すべき MV 作家として，**マーク・ロマネク**を紹介する。冷静な視点と抑制された演出手法が際立つ映像作家である。

『Can't Stop』（2003，レッド・ホット・チリ・ペッパーズ）では，ロックミュージックを現代アート作品として仕上げた。ウィーンを拠点に活躍する現代アート作家エルヴィン・ヴルムの作品コンセプトを映像表現に引用した。当時無名でバンドメンバーの信頼を得られなかったロマネクが，最後までに演出意図を貫き通し，この作品は結果的にはバンドの代表作となった。

ジョニー・キャッシュ最晩年の『Hurt』（2003）では，キャッシュ自身が「人生の旅を終える老ミュージシャン」本人として歌い上げる[†]。すでに多くの友人が去り人生の最期に近づいた，悲哀と寂寥感が滲み出る作品となり，大きな反響を呼んだ。この作品における，人生への深い洞察表現を経て，その後ロマネクは，カズオ・イシグロ原作の映画『わたしを離さないで』（2010）の監督として，切なく悲しみにあふれた物語を，透明感のある美しい映像で描ききった。

[†]　ナイン・インチ・ネイルズの作品をキャッシュがカバーし，大ヒットとなった楽曲である。

6.4　MV 表現のアイデア

MV は撮影や編集のトリックを映像表現に生かしやすいジャンルである。シンプルに「ワンテーマ」の物語で完成させることができる。物語の進行に一定のルールを守る必要のあるドラマ作品とは違い，表現の自由度が高い。映像を学ぶ学生には，まずはこのジャンルでの作品制作に挑戦してほしい。**表 6.1** に MV 作品において効果的な表現の技法やアイデアを紹介する。

表 6.1　MV の表現技法のアイデア

表現のアイデア	撮影／編集による技法	作品例
時間操作	映像の早回しや逆転	『Drop』（1996）★
タイムラプス	時間を空けてコマ撮りする	『Fall In Love With A Girl』（2001）
ピクシレーション	モノや人間を使ったコマ撮り	『The Hardest Button to Button』（2003）
タイムスライス	線形に配置したカメラで連続撮影	『Like A Rolling Stone』（1996）
プロジェクション	実際の空間に映像を投影する	『Dead Leaves and The Dirty Ground』（2001）
スプリット画像	画面を分割して映像を配置	『Sugar Water』（1996）

注）　★はスパイク・ジョーンズ作品，それ以外はミシェル・ゴンドリー作品。

6.4.1　MV における時間展開

MV 作品では，文脈やテーマを通じて展開する**コンテクスト構造**†が用いられることが多い。音楽の世界観や歌詞によって描かれる時間は，現実世界の時間の流れとは違う。物語を伝えるドラマ作品が時間系列に沿って描かれるのに対して，MV では，過去や未来の出来事の順番は重要ではない。むしろ，作品の背景となる物語の「コンテクスト（文脈）」を重視して世界観を作り上げるべきである。

---

†　表現される事象に明確な時間関係は必要なく，背景となる文脈に沿って自由に展開する形式（5.3.3 項参照）。

6.4.2 タイムラプス

タイムラプス[†1] は，時間間隔を空けて一コマずつ撮影する撮影技法である。通常の映像は，一コマあたり 1/24 秒や 1/30 秒の間隔で撮影されるが，その間隔を長くすることで，撮影された結果は世界が「早回し」になったように見える。流れる雲，船が行き交う港，種子から芽を出す植物など，たくさんの題材が考えられる。デジタル機材が登場する前は，特殊な撮影機材を使用するか，手動で撮影するしか方法がなかった。しかし現在はスマートフォンのカメラにも標準機能として備わっており，シャッターを切る時間間隔を自由に設定することが可能である。動画サイトで見られるイラストや漫画を描くプロセスの解説映像などもこの技法で撮影されている。

6.4.3 コ マ 撮 り

現実世界にある物体や，人間を少しずつ動かしながらコマ撮りすることで，手軽にアニメーション作品を制作することができる。スマートフォンのカメラで，3 秒ごとのタイムラプスを設定してみよう。それで自撮りをしながら街を歩き回れば，自分自身のコマ撮りができ上がる。さらには，「ポーズを決めてそのつどシャッターを押す」あるいは「立体を動かしては撮影」という作業を続けることで立派な「コマ撮り」アニメーションを作ることができる[†2]。6.1.2 項で紹介した，ノーマン・マクラレンの『隣人』やミシェル・ゴンドリーの『The Hardest Button to Button』などのようなピクシレーション作品の制作にも挑戦してほしい。

6.4.4 タイムスライス —— 決定的瞬間 ——

タイムラプスと混同されやすいが，**タイムスライス**は**バレットタイム**という

---

†1 「低速度撮影」あるいは「微速度撮影」とも言われる。
†2 連続で撮影した画像を，スマートフォンのカメラから「After Effect」などの映像編集ソフトがインストールされた PC に取り込む。このデータを「連番ファイル」と言い，アニメーションの素材映像として使用することができる。

特殊撮影技法の別名である。1870 年代に，エドワード・マイブリッジが，失
踪する馬を「写真銃」†を使い超高速で撮影したことが起源と言われる。バレッ
トタイムは，『マトリックス』(1999) における VFX シーンとして非常に洗練
された映像表現として完成し，この作品の代名詞ともなった。撮影対象を囲む
形で，多数のカメラを並べてセッティングしておき，シャッターを同期して撮
影する。線形状に並べられたカメラに映った映像を，ひとコマずつ抜き出して
つなげると「静止した時空間をカメラが移動する」映像が得られる。時間と労
力の必要とされる撮影だが，アクションの「決定的瞬間」が引き延ばされたよ
うな感覚となる映像表現となる。MV 作品では，ローリング・ストーンズの
『Like A Rolling Stone』(1996) において，この手法が用いられている。この手
法とともに，二つの画像を溶け込ませるように変化させる**モーフィーング技法**
が効果的に組み合わされて，幻惑する夢の世界のような表現となっている。

6.4.5　多重露光撮影とプロジェクター再撮

　かつて，フィルムカメラが主流であったころには，一度露光したフィルムに
もう一度重ねて撮影をする**多重露光撮影**という技法が使われた。二つの画像が
ダブルイメージ（二重像）として映ることで，幻想的な表現が得られる手法で
あった。同じ場所の時代が違う画像を組み合わせると，時間の流れや隔たりを
表すことができる。現在では，多重露光撮影の代わりに，編集時に二つの映像
を透過して合成することで同様の効果を得ることができる。

　また，事前に撮影した映像をプロジェクターで投影して再度撮影するのも効
果的である。ミシェル・ゴンドリーによる『Dead Leaves and The Dirty
Ground』(2001，ホワイト・ストライプス) の MV をぜひ参考にしてほしい。
この手法は人気テレビドラマ『流星の絆』(2008) のオープニングでも使われ
ていた。主人公の兄弟たちの過去と現在をつなぐ感動的な表現となった。

---

†　エティエンヌ＝ジュール・マレーによる発明。

6.4.6 スプリット画面

通常の映像では「同時に起きている別々の出来事」を一緒に紹介することはできない。しかし，MV やオープニングタイトルなどにおいて，自由なグラフィック処理が許される場合には，画面を複数に分割する**スプリット画面**（画面分割）を効果的に用いることができる。左右の映像が同時進行するだけでなく，たがいが別々に主張する「二重の意味」や「逆説的な皮肉」を込めることも可能である。連続海外ドラマ『24-TWENTY FOUR』では，時間制限の緊迫感を盛り上げるためにスプリット画面が多用された。ミシェル・ゴンドリーが手がけた『Sugar Water』（1996，チボ・マット）は，計算尽くされた演出と時間構成による分割画面表現を見ることができる。左右の映像がおたがいの逆回転なのだが，それらが同時進行することで意表をついた劇的な効果が生まれる。シンプルな仕掛けだけで，優れた映像演出を生み出す好例と言えよう。

演 習 問 題

〔**6.1**〕 ミシェル・ゴンドリーの MV 作品を鑑賞して，それぞれの作品にどのような映像のアイデアが用いられているか分析してみよう。

〔**6.2**〕 上記の問題で見つけたアイデアについて，それらが過去の先駆者たちの作品アイデアと近いか，発見し考えてみよう。

〔**6.3**〕 スパイク・ジョーンズの映画作品『マルコビッチの穴』と，彼の MV 作品例：『Weapon of Choice』などを比べて，映像における時間的演出の違い，あるいは共通点について考えてみよう。

7章 特撮技法
── SFX と VFX の世界 ──

◆ **本章のテーマ**

　人間の想像力には限りがない。ギリシア神話やアラビアンナイトなどの古典文学には，神々や古代のヒーローたちを主人公とした，自由にはばたく空想の世界がひろがっている。現実を超えた空想的な世界観は，映画表現において魅力的な題材であった。『キングコング』（1933）を生み出したメリアン C. クーパーは，文字の世界にしか存在しなかった空想的な巨大生物を現実世界に描き出すことに挑戦した。その後，数多くの映画監督やクリエイターたちがこれに続き，空想世界の映像描写に取り組んできた。古代の戦士たちの壮大な戦い。神々が地上に及ぼした天罰。巨大生物やエイリアンとの遭遇。こうしたイメージを実現するために特撮技法が生み出され，さまざまな撮影技法や合成技法，CG 技術などとして発展してきた。

　本章では，スタジオでの実写合成から，最新の CG 技術によるリアルタイム合成まで，魅力的で刺激にあふれた特撮技法の発展の過程を見ていきたい。

◆ **本章の構成（キーワード）**

7.1　特撮技法の発見
　　　映像トリック，グラスショット，リアプロジェクション
7.2　モンスターの創造
　　　ストップモーション，ダイナメーション，操演と特効，
　　　サンダー・バード，スーパーマリオネーション，アニマトロニクス
7.3　未知の世界を描く
　　　SFX と VFX，フロントプロジェクション，ビームスプリッター，
　　　モーションコントロール，スリットスキャン，
7.4　VFX のテクニック
　　　モーショントラック，マッチムーブ，バレットタイム

◆ **本章を学ぶと以下の内容をマスターできます**

☞　SFX や VFX 技法の基本
☞　映画製作の実例から学ぶ SFX 技法開発の歴史
☞　特撮のカテゴリーと，その効果的な使い方

7.1	特撮技法の発見

1895 年に，リュミエール兄弟によって映画が発明されたのち，それに続くジョルジュ・メリエスなどが，映像による**トリック表現**の可能性を発見した。神話の物語や空想の世界を映画の題材として表現するために，さらにさまざまな工夫と努力によって特撮技法を開発していった人々を紹介する。

7.1.1　世界初の映像トリック　［リュミエール兄弟］

世界初の映画はリュミエール兄弟によって 1895 年に発明された**シネマトグラフ**であった（2.2.1 項参照）。そのとき上映されたのは「田舎駅へ到着する汽車」や「壁の崩落」といった作品であった。前者は駅のプラットフォームに汽車が迫ってくるだけだったが，本物との区別がつかなかった当時の観客にとっては，まさに驚異であったことだろう。また後者は，すでに映像の**逆回転**が用いられた「倒れた壁が元に戻る」という特殊映像であった。このときすでに特撮技法の萌芽があったと言えよう。

7.1.2　ステージマジックと映画　［ジョルジュ・メリエス］

1884 年にロンドンのエジプシャンホールでのマジックショーに魅せられたジョルジュ・メリエスは，手品師として舞台演出を手掛けていた[†1]。メリエスはその後，リュミエール兄弟のシネマトグラフに出会い，すぐにその将来性を見抜き，自力で撮影用カメラを考案し，さまざまな撮影に挑戦していく[†2]。1896 年のある日，パリの街角で撮影をしていたところカメラが故障した。そのフィルムを現像してみると，バスが突然自動車に変化し，歩く男性が女性に早変わりしていた。メリエスはこのとき「フィルム編集による中抜き」技法を発見したのである。その後，『月世界旅行』（1902）や『不可能を通る旅』

[†1]　水の中を泳ぐ妖精，牧場の背景が流れる前を走る馬，ジークフリートの火を吹くドラゴンの退治，などさまざまな仕掛けのスペクタクルが演じられていた。
[†2]　リュミエール兄弟は，メリエスへのシネマトグラフの売却を断った。

(1904) などの製作を通じて，メリエスは，**多重露光撮影**，**高速撮影**，**コマ撮り**などの原初的な特殊撮影技法を開発した[†1]。

7.1.3 『ベン・ハー』の戦車競走　［セドリック・ギボンズ］

『ベン・ハー』（1959，ウィリアム・ワイラー）に登場する，巨大コロセウムでの戦車競争シーンは，戦後ハリウッドの黄金期における特撮のハイライトである[†2]。実物大の円形競技場を建造し膨大な数のエキストラを配置したが，競技場の観客席上段まで作るには限界があった。そこで用いられたのが**ハンギングミニチュア**である。美術監督のセドリック・ギボンズと A. ギレスビーは，競技場の上部に重なるようにミニチュア模型をカメラの前に置き，ワイドレンズを用いて同一の焦点に溶け込むような映像を実現した[1)]。**グラスショット**も同様の技法で，ミニチュアの代わりに透明なガラスに描いた背景画を置いて撮影する。フィルムによる合成手法がまだ開発されていなかったこの時代には，撮影時に一度に完成させる特殊撮影が一般的であった。撮影後の合成の必要もなく，撮影時にカメラをズームできるなどのメリットもあった。

7.1.4 スタジオ特撮のパイオニア　［ロバート・ボイル］

同じく美術監督のロバート・ボイルはヒッチコック作品の多くで特殊合成撮影を手がけた。『めまい』（1958）では，透視図法的に歪んだセットで奥行きを出すことで，高所恐怖症の主人公の心情を表現した。『北北西に進路を取れ』（1959）では，ラストシーンでの追跡劇のためにラシュモア山の絶壁を再現した[†3]。（図

図 7.1 『北北西に進路を取れ』ラシュモア山の断崖をスタジオで再現

---

†1　『月世界旅行』は，巨大な大砲から発射されるロケットで有名な14分の空想映画である。ジュール・ベルヌの同名小説をもとに制作された。

†2　『ベン・ハー』コロセウムでの戦車競走における死闘［2:37:02 ～ 2:51:51］

†3　『北北西に進路を取れ』ラシュモア山の断崖での追跡［2:10:46 ～ 2:15:41］

7.1）。スタジオの巨大な断崖セットによる撮影であったが，その背景として使用されたのは，ボイル自身が崖に吊り下がり，決死の覚悟で撮影した写真であった。『鳥』（1963）では，無数の鳥が人間を襲うという「動物パニック」映画の先駆的なシーンがある。高速ではばたく鳥の羽を正確に切り取るために，ナトリウム光を使った特殊な合成手法が開発された[1]。ボイルは，このように映像化が困難なテーマを，美術デザイナーらしい独創的撮影技法で解決した。

7.1.5 リアプロジェクションによる合成

　スタジオでの合成手法としての**リアプロジェクション**の歴史は古く，1910年ごろには使われ始めたと言われている。半透明のスクリーンの後ろから背景となる映像を投影し，その前で演技する俳優とともに撮影する技法である。スタジオという安全で静かな場所で撮影することができる。街の雑踏に主人公が立つシーンなどでも，ロケ費用や俳優の負担を考えてこの技法が用いられることも多かった。水上などライティングやカメラワークが困難なケースでも多用され，こうした事例は，『陽のあたる場所』（1949，ジョージ・スティーヴンス）における湖上のボートでの殺害シーンや，『救命艇』（1944）での漂流シーンなどで見ることができる。また，馬車や車の内部シーンの撮影でもリアプロジェクションは多用された。近年では『エイリアン2』（1986）における宇宙探査艇の難破シーンでも使われており，ミニチュアによる特撮背景と複数の俳優のアクションを合成するうえで効果的であった[2]（**図7.2**）。

図7.2　『エイリアン2』リアプロジェクションによる合成

---

† 1　『鳥』人間を襲う鳥の群れの合成［1:13:16 〜 1:15:45］
† 2　『エイリアン2完全版』ドロップシップの墜落シーン［1:24:35 〜 1:24:44］

7.2 モンスターの創造

1960年代，人類はさまざまな科学技術を発展させ，宇宙や海底にまで挑むようになった。こうした現実に刺激を受けて特撮技法による空想科学映画がつぎつぎに制作された。特にミニチュアによる撮影は，スタジオに，海底や宇宙空間など，あらゆる世界を再現することが可能であり，特撮映画のパイオニアは，モンスター映画などにおいて表現の限界に挑戦していった。

7.2.1 巨大生物登場　[レイ・ハリーハウゼン]

映画監督のメリアン C. クーパーは，「先史時代の巨大ゴリラが高層ビルの頂上で飛行機と戦う」というイメージを『キング・コング』(1933) で実現した。ウィリス・オブライエンによる**ストップモーション**によるコングと，計算つくされた実写との合成が見事である。

ウィリス・オブライエンから基礎を学んだレイ・ハリーハウゼンは，ストップモーションの技法をさらに磨き上げ，まるで生きているような怪物映画の名シーンを作り上げた。可動式の骨格を仕込んだミニチュアの人形を1コマずつ撮影する技法を独自に発展させ，俳優とモンスターが同時に合成するために，**ダイナメーション**という技法を発明した[†1]。デビュー作は『原子怪獣現わる』(1953) で，その後，『アルゴ探検隊の大冒険』(1963) や『タイタンの戦い』(1981) などで，特撮の名シーンの数々を映画史に残した[2)]。フィル・ティペットらによる改良型として，**ゴーモーション**技法が考案された[†2]。『スター・ウォーズ EP. 5 帝国の逆襲』における，雪原での闘いなどで用いられている[†3]。

7.2.2 日本の特撮映画　[円谷英二]

日本における特撮もスタジオワークを基本としている。**着ぐるみ**の怪獣やモ

---

†1　俳優の演技を背景スクリーンに投影しながら手前でコマ撮りをする技法。
†2　ひとコマの撮影ごとに「ブレ」の動きを再現する撮影方式。
†3　『スター・ウォーズ EP. 5』氷の惑星ホスでの戦闘シーン [0:26:20 ～ 0:29:25]

ンスターが登場し，大プールの海や，山腹などの壮大なシーンを背景として，**操演**や**特効**を用いた大掛かりな撮影によって作られた名作が数多く残された。こうしたスタイルは円谷英二など，日本の特撮映画におけるパイオニアが独自の努力で作り上げてきたものである。

図 7.3　『大魔神』日本独自の特撮表現

『ゴジラ』（1954）や『ウルトラマン』（1966）などの作品シリーズが達成したクオリティは，世界的に見てもレベルが高い。また同時期に大映が製作した『大魔神』シリーズも，日本独特の特撮の傑作として高く評価されている（**図 7.3**）。

7.2.3　ミニチュアの特撮　[ジェリー・アンダーソン]

ジェリー・アンダーソンは，パペット（人形劇）をベースとした冒険 SF シリーズでの特撮に取り組んだ。特に『スーパーカー』（1961）などで生まれた，**スーパーマリオネーション**の技法は，『サンダーバード』（1965）や『ジョー90』（1968）などの人気シリーズに生かされた。ミニチュアを用いたスタジオ撮影による特撮技法によって，ビルの爆破や都市災害など迫真の映像が作られた。これらの実写による映像には，近年の CG やデジタル合成では作り得ない，多層的な空気感や実物の存在感など独特の魅力があり，現在もそのファンとなる人が多い[3]。

7.2.4　アニマトロニクスによるモンスター

また，巨大なモンスターと俳優が実際に関わるシーンで活躍するのが，**アニマトロニクス**である。恐竜の顔部分や，モンスターの手などを実際のスケールで作成する。内部に，圧縮空気によるシリンダーなどの機構を組み入れて，実物のモンスターのような動きが可能となる。アニマトロニクスによる迫真のアップシーンがあることで，モンスターの特撮は迫力あるシーンとなる。

スティーヴン・スピルバーグによるパニック映画の傑作『ジョーズ』（1975）

では，水中から飛び出す実物大のサメが用いられた。水中での撮影は困難を極めたが，CG では再現できなかったような存在感によって恐怖感が増大した。

7.2.5 CG によるモンスター登場

それまでの「ミニチュアによる特撮映像に CG がかなうはずがない」という常識を覆したのが『ジュラシック・パーク』(1993，スティーヴン・スピルバーグ) に登場する恐竜である。本作の準備段階では，フィル・ティペットなどによるストップモーションの技法が使われる予定であった[†]。しかしこのとき，ILM が生み出した恐竜の CG 映像はそれを凌駕するクオリティに達してしまった (**図 7.4**)。これは特撮史における大きな転換点の一つであり，その後もジェームズ・キャメロンによる『アビス』(1989) や『ターミネーター 2』(1991)，『タイタニック』(1997) などの大作映画において，CG 映像の表現が磨き上げられ，しだいに特撮技法の中心的存在となっていく。

図 7.4 『ジュラシック・パーク』
はじめて CG が用いられた恐竜

7.3　未知の世界を描く

その後も，映画産業の発展とともに，特撮技術はつぎつぎと新手法を編み出して進化を遂げていく。基本的に SFX の技法は，スタジオにおける特殊撮影を基本として磨かれてきたが，1980 年後半より，デジタル技術と CG が特撮技法を根本的に革新していく。本格的な VFX の時代となり，特撮による映像表現の可能性は無限大に近づいた。本節では，その発展の系譜を紹介する。

[†] しかし，その後彼らはアニメーションスーパーバイザーとなり，CG 制作の重要スタッフとして活躍を続けている。

7.3.1 SF 映画の金字塔 『2001 年宇宙の旅』

特撮におけるあらゆる手法に革命的な進歩をもたらしたのが『2001 年宇宙の旅』(1968, スタンリー・キューブリック) である。本作で, キューブリックは徹底した科学的考証による迫真の映像表現を追求した。冒頭の「人類の夜明け」は, **フロントプロジェクション**技法を用いて撮影された[†1]。**ビームスプリッター**と**スコッチライトスクリーン**を組み合わせることで, 雄大で鮮明なパノラマシーンが実現した。さらに特筆すべきは, 本作では**モーションコントロール**撮影の基礎となる技法が開発されたことである。宇宙空間を疾駆する宇宙船のリアルな映像表現はその後の SF 映画に大きな影響を与えた。この撮影では, 模型撮影に深い被写界深度を得るための長時間露出撮影が行われた[†2]。さらに, **スリットスキャン**が本格的に使われたのも本作である。幾何学模様が描かれた素材をレンズ前のスリットとカメラ本体を移動させながら撮影する手法である。ダグラス・トランブルによる長期間の試行錯誤を経て, 有名な「スターゲートシーン」が実現した[†3]。

木星探査船ディスカバリー号の内部を再現したセットにも注目したい。巨大リング状の「居住空間」など, 細部まで科学的考証に基づいて設計された先端的なデザインは現在でも輝きを失わない[†4]。近年では CG によるデジタル背景が使用されることも多いが, 実物がもたらす圧倒的な存在感にはかなわないという実証であろう[4)]。

7.3.2 ILM の始動 『未知との遭遇』

その後, SF 映画の歴史を塗り替える『スター・ウォーズ』(1977) が生まれ, 同年には『未知との遭遇』(1977) も公開され, 巨大な UFO の母船が放つ荘厳な光のイメージが SF ファンの心を掴んだ。スタジオで撮影されたフィル

[†1] 『2001 年宇宙の旅』人類の夜明けにおける類人猿の生活 [0:11:50 ~ 0:14:34]
[†2] 『2001 年宇宙の旅』宇宙空間を行く宇宙船 [0:54:42 ~ 0:56:12]
[†3] 『2001 年宇宙の旅』スターゲートシーン [2:02:00 ~ 2:11:26]
[†4] パインウッドスタジオに設営されたこのセットだけで, 美術予算の大半を費やしたというが, 映画にリアリティを与える重要なシーンとなった。

ムをベースに，**オプチカル**（光学）合成技法による特撮が最高レベルに達した
時期である。水槽の中に絵の具を溶かすことで雷雲を表現し，ミニチュアと背
景映像をフロントプロジェクションによって合成するなど，実物を用いて撮影
された映像は，現代のデジタル映像に比べて深く味わいのあるシーンも多い。
『ブレードランナー』（1982）の冒頭シーンでは，深淵な未来都市の全景がミニ
チュアを使って見事に描き出されている[†]。

7.3.3 特撮技法のデジタル化

1975 年にジョージ・ルーカスによって設立された **ILM** は，その後デジタル
映像技術の変革を推し進めていた（8.3.3 項参照）。**フィルムスキャナー**などを
用いて，それまでのフィルムによる，編集，合成，加工などのプロセスを，デ
ジタル技法に置き換えていった。こうした**特撮技法のデジタル化**は映画界の趨
勢となり，その後，映画製作のあらゆる局面を変えていく。映画界に撮影時や
配給時のコスト削減や制作工程全体のスピードアップをもたらすことになる。

特撮の世界は大きな変革の時代を迎えた。ほとんどの映画の撮影はデジタル
となり，撮影から編集，合成処理まで一貫したデジタルデータのフォーマット
で管理されるようになった。これは，映画産業全体に，大きなコストダウン
と，スピードアップをもたらした。それでは，特撮が作り上げる映像は，今後
どのように変わっていくのであろうか？ 正直なところ，映像表現の可能性が
今後どこまで拡大していくのか，まったく想像がつかないほど，巨大な技術変
化の時代が訪れている。

7.3.4 バーチャル世界での撮影 『アバター』

デジタル技術の発展によって現代は「映像表現でできないものはない」とい
う時代に近づいた。本章の冒頭で述べた通り，人間の想像力が及ぶ限り，映像
が表現する世界は広がっていくのであろう。映画の世界全体がデジタルデータ

[†] 『ブレードランナー』タイレル社の上空を飛ぶスピナー［0:10:06 〜 0:11:05］

で描かれる『アバター』(2009) や『レディ・プレイヤー1』(2018) のように
スタジオでの撮影そのもののあり方を変える作品が登場している。もはや，特
撮技法が以前のものに後戻りすることはない大きな変化である。

　人間の精神世界の深層や量子力学の世界，宇宙に隠されたエネルギーなど，
これまで映像が表現しきれなかったテーマへのチャレンジも可能になるだろ
う。しかし，デジタル技術やCG，そしてAIなどの能力に頼りすぎては，肝
心の人間そのものが忘れ去られてしまうかもしれない。

7.4　VFX のテクニック

　映画における特撮は，たった一つの技法で完成するものではない。特撮は，
撮影，美術，合成，アニメーション，CG，VFXなど，撮影からポストプロダ
クションまでのいくつもの工程にまたがる技法を組み合わせることで成立す
る。本節では，これまで特撮の歴史の中で紹介した各種技法や基本概念につい
て，改めて整理して紹介する。これらの特撮技法を統合的に使うことが重要で
ある。

7.4.1　SFX と VFX

　改めて，特撮技法に関する用語について整理しておきたい。**SFX**（特殊効
果）と **VFX**（視覚効果）の違いとはなにか[†1]。SFXはおもに撮影現場におい
て特殊な仕掛けを施した撮影技法を意味する。ミニチュア撮影や手描きのマッ
トペインティング，そして火薬による爆発や風雨を現場で実演する**特効**やワイ
ヤーアクションなどがSFXに属する。『トゥモロー・ワールド』(2006) では，
群衆が行き交う街路で実際に爆発を起こしたショットを見ることができる[†2]。
　それに対しVFXは，ポストプロダクションでのCG合成や，デジタル処理

---

†1 「FX」は「effects」の音に合わせた略語である。SFXの語源はspecial effectsで，
VFXはvisual effectsである
†2 『トゥモロー・ワールド』冒頭シーンの爆発 [0:01:33 〜 0:02:28]

での後処理などの工程を意味する。現代の特撮映画はデジタル技術による映像
制作が主流ではある。しかし，つねに新しい表現を生み出すためには，撮影現
場の SFX で生まれるアイデアや効果と，VFX における工程の双方をバランス
よく計画して用いることが肝要である。これらの技法の各工程については，**図
7.5** を参照のこと。

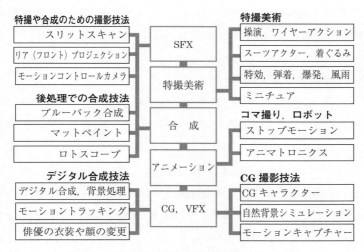

図 7.5 特撮技法の工程（SFX, 特撮, CG, VFX）

7.4.2 コンポジット ── 背景合成の技法 ──

映画草創期の特撮技術において，フィルムによる光学的な処理によりさまざ
まな合成が可能なった。背景と合成素材のおたがいの不要の部分を隠す画像を
マット素材と呼び，それを切り出す作業を**キーイング**と呼んだ。初期の特撮で
はマット素材は固定されたものが多く，『スター・ウォーズ』の初期作品でも
多用された[†]。その後動く素材の輪郭を切り出す手法が考案された。鳥の羽や
髪の毛などの繊細な素材を切り抜くためには，一コマずつ輪郭をとる**ロトス
コープ**が使われた。デジタル処理でも，キー素材がうまく作れない場合には，

---

† 『スター・ウォーズ EP.6』ファルコン号との別れ [0:51:34 〜 0:53:05]

手作業で切り抜く作業が行われることがある。

　現代のデジタル技法においては，合成素材の輪郭抽出も自動化されてきたが基本的な原理は変わらない。撮影された背景の色や明度を利用して**キー素材を**作る。**ブルーバック**の色成分を利用する**カラーキー**や，黒い背景を切り抜く**ルミナンスキー**はいまも有効である。CG 素材を合成する際には，RGB の 3 色に加え，アルファチャンネルが用いられる[1]。さらに近年では，画像解析やトラッキングによる自動的なキーイングも可能となっている。

7.4.3　モーションコントロール

　モーションコントロールは，カメラをサーボモータによる機械操作で動かし，一定のスピードでの円運動やレールの軌道上での移動などを，何度でも完全に再現することができるシステムである。この点を利用することで，移動ショットの背景にいくつもの合成素材を加えることなどが可能となった。特撮表現において非常に有効で，数々の特撮の名シーンを生み出した。この手法を効果的に用いたミシェル・ゴンドリーによる『Come Into My World』（2001）がある。パリの交差点で唄うカイリー・ミノーグが一周回るごとに増えていく映像は，この技法の持つ表現力を最大限に生かしたものである（6.3.1 項参照）。

　その後，カメラの**モーションキャプチャー**技術によって，カメラマンが手動で動かしたカメラの動きや画角を読み取ることも可能となった[2]。この技術によって移動ショットへの合成が容易となり，リアルタイム CG とともにテレビ番組での**バーチャルスタジオ**も可能となった。

---

[1]　ブルースクリーンはテレビ局の天気予報などでも多用されている。海外ではブルーではなく，グリーンのバックを使うのが一般的である。
[2]　カメラを乗せた雲台やクレーンの，ジョイント部分の回転角度を抽出して，3 次元空間におけるカメラの位置や角度を割り出す。

7.4.4 モーショントラッキングとマッチムーブ

撮影された映像の画像解析によってカメラの動きや画角を抽出しする手法を**モーショントラッキング**と言う。映像の中の目印となるマークに注目して，その位置やサイズの変化を追う技法で，これによって手持ちカメラでも撮影時の空間における位置や角度情報を割り出すことが可能となった。この情報をもとにして CG による映像のアングルを調整して合わせる作業を**マッチムーブ**と呼ぶ[†]。この工程では，カメラアングルだけでなく，合成素材にあたる照明環境を合わせることも重要である。合成時に光の方向性や色などを解析するリファレンス用に，立方体や球形のオブジェクトも同時に撮影することが重要である。

気鋭のカメラマン，エマニュエル・ルベツキは『ゼロ・グラビティ』（2013）や『バード・マン』（2014）で，最新の撮影技法を実現した。前者が表現した「無重力の宇宙空間」でのリアリティも，後者が実現した継ぎ目のない連続したワンカット撮影も，最新の撮影技法や CG 技術なくしては達成し得なかったものである。『ゼロ・グラビティ』では，船外活動中の俳優の顔部分にはガラスが無い状態で撮影された。ガラス部分やそこに反射する背景，俳優の息によるガラスの曇りなどはすべて後処理で合成された。これらも繊細なマッチムーブの技法によって可能となった。監督のアルフォンソ・キュアロンは，脚本に書かれた「無重力の宇宙空間」に浮かぶ人間を表現するため，特殊なワイヤーアクション装置や，映像スクリーンに囲まれた特殊な箱など，アナログ的な撮影手法も組み合わせた。

7.4.5 バレットタイム

時空間が静止したような映像効果を得るためには，複数のデジタルカメラの画像を組み合わせて編集する方法もある。『マトリックス』（1999）で有名になった**バレットタイム**では，多数のデジタルカメラを同心円上に並べてシャッ

[†] 物理的なカメラの位置と，CG 空間内のカメラ位置をマッチさせる技法。

ターを切った†。この手法は，ある瞬間を自在に切り取ることから**タイムスライス**とも呼ばれる（6.4.4項参照）。さらにシャッターを切る時間間隔を長めに設定（数秒～数分）することで**タイムラプス**と呼ばれる撮影も可能である（6.4.2項参照）。

7.4.6 ワイヤーワーク

特撮において欠かせない撮影技法が**ワイヤーワーク**である。カンフーマスター同士の空中戦を，すべてカメラワークだけで撮影することは難しい。前出の『ゼロ・グラビティ』の撮影でも，無重力状態で浮くサンドラ・ブロックをいくつものワイヤーで吊った状態で，体の位置や角度を変化させた。カメラワークとワイヤーワークの組合せによって，複雑な位置関係を作り出すことができたのである。すべてを CG に頼ってしまうと，背景ばかりが豪華な割に，カメラワークが凡庸なショットになってしまう。『ライフ・オブ・パイ/トラと漂流した227日』（2012，アン・リー）でも，ボートの転覆シーンでは，俳優もボートも巨大な機構から吊り下げられたワイヤーによって，コントロールされていた。

7.4.7 **CG による自然の表現**

CG の表現力の向上によって，自然現象や動物などの表現もリアルに作ることができるようになった。『ライフ・オブ・パイ/トラと漂流した227日』では，5 年もの歳月を掛けた素晴らしい特撮映像の事例を見ることができる。荒れ狂う波に揉まれるボートや広大な海原などが，特設の巨大プールでの撮影技法と，デジタル加工技術が巧妙に組み合わされて，素晴らしい映像表現が生まれた。また，実写と見分けがつかないほどリアルなトラや動物の CG は，**リズム&ヒューズ**の熟練のスタッフによるものである。『ベイブ』（1995）や『メン・イン・ブラック 2』（2002）など作品で，人間の言葉を話すブタや犬など，

---

† 『マトリックス』バレットタイム［1:48:43 ～ 1:49:40］，［1:54:40 ～ 1:55:05］

動物たちのリアルな CG 映像を追求し続けてきた経験をもとに可能なった表現である。

7.4.8　実写の力を生かす

映画『LIFE !』（2013）は，最新の特撮技術と伝統的な撮影技法をバランスよく用いた好例である。後処理で加工する前に，できるだけ撮影現場において，ぎりぎりまで理想的なショットを撮影する努力が払われている。アイスランドの荒野をスケートボードで疾走する主人公を，できるだけ CG を使わずに実写で撮影された。

ポストプロダクションで，さまざまな後処理加工が可能になった現在でも実際の撮影現場においてはできるだけ良い実写映像を撮影することが重要である。難易度の高い撮影のセッティングをすることは，撮影のハードルを上げ，時間を消費することにはなるが，最終的にはスタッフの士気の高揚をもたらし，クオリティの高い映像表現の実現につながる。本作はこの事実を改めて教えてくれる好例と言えよう。

演 習 問 題

〔**7.1**〕　ストップモーションアニメの伝統的な技法は，現代の CG 表現の中でどのように生かされているかを調べてみよう。

〔**7.2**〕　リアプロジェクションやブルースクリーンから始まった背景合成の技法では，合成するうえでどのような留意点があったかを考えてみよう。

〔**7.3**〕　スタジオワークとしての特撮と CG 映像技法は，今後はどのように融合して映像表現を広げていくのか考えてみよう。

8章 CG 技 法
── イメージの魔法の翼 ──

◆ 本章のテーマ

　CG（コンピュータグラフィックス）は，現実世界や空想上の世界を，コンピュータ上の 3 次元データに作り上げ，映像として描き出す技術である。現在では，デザインから製造業，医療，交通シミュレーションから日常のコミュニケーションまで，CG が活用されるジャンルは大きく広がっている。

　CG が最も威力を発揮するのは映像表現の世界であり，時空を超えた空想世界でのアクションを作り出し，深い感情を表現するキャラクターも表現する。

　本章では，CG の誕生からその後表現技術を積み上げてきた先人たちの努力の跡を追い，この技法の基盤となった重要な技術用語，技術概念を解説する。改めて CG の素晴らしさを知り，その無限の可能性について考えていきたい。

◆ 本章の構成（キーワード）

8.1　魔法の翼 ── CG 技法 ──
　　　CG 映像，3D モデルデータ，CG 制作の工程
8.2　CG 技法の源流
　　　隠面消去，シェーディング，環境マッピング
8.3　CG アニメーションの可能性
　　　テクスチャマッピング，ILM，分散レイトレーシング
8.4　PIXAR の軌跡
　　　ジョン・ラセター，ルクソー Jr.，トイ・ストーリー
8.5　特撮映画における CG 映像
　　　ジュラシック・パーク，アビス，ターミネーター 2，
　　　タイタニック，アバター，モーションキャプチャー

◆ 本章を学ぶと以下の内容をマスターできます

☞　CG 技法開発の歴史と先人たちの努力の跡
☞　CG 技法の基本概念と実践的制作の基礎
☞　PIXAR による CG アニメーション表現の挑戦

<table>
<tr><td>8.1</td><td>魔法の翼 ── CG 技法 ──</td></tr>
</table>

　宇宙の果てにある惑星から人間の細胞に潜むウィルスまで，CG が可視化できない映像はない。この世界に存在するもの，あるいは人間が頭の中で想像できるものはなんでも表現する万能のツールである。現代の映像技法においてCG はイメージの魔法の翼であり，だれもがマスターできれば素晴らしい。しかし，CG 技法を身に付けることは難しく，納得できる表現レベルに到達する前に挫折してしまうことも多い。本節ではまず，CG に対する誤解について考えてみよう。

8.1.1　CG は便利で簡単なもの？

　一番目の誤解は「CG は簡単で便利なもの」というものだ。いまやゲームからバラエティ番組まで **CG 映像**があふれている。いまや CG は，特別なものではなくきわめて日常的な存在である。たしかに現在の CG ソフトは使いやすく便利であり描画スピードも速い。しかし CG 技法が持つ，本来の表現力を引き出すには，相当な努力と長時間におよぶ鍛錬が必要なことが忘れられている。

　もう一つの誤解は「CG は自動的に作れる」というものである。3D の**モデルデータ**を特定のサイトから購入することも可能である。実在する物体の形状を **3D スキャン**，あるいは**フォトグラメトリー技法**[†]などによって取り込む方法もある。アニメーションデータも既成のものがある。便利なアニメツールも多く，音楽データに合わせてキャラクターを自動的に動かすことも可能である。

　しかし，真にオリジナリティのある作品を作り，見る人を感動させるような作品を完成させるには，それだけでは足りない。デザイン的な独創性や自然界への観察力が必要である。キャラクターの造形力やアニメーションの動きをイメージする力が必要である。

---

　†　撮影した多数の画像を解析して 3D モデルデータを自動的に生成する技術。

8.1.2 CG 制作の工程を理解する

まずは，ソフトウェアを開いてその画面を見てほしい。空っぽの空間があなた
を待っている。その空間とは，映像制作における「スタジオ」なのである。そ
のスタジオで，まずモデリングの作業を始めてみよう（**図8.1**）。

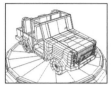   

（a） ポリゴンでの 　（b） モデリング 　（c） テクスチャ 　（d） 質感設定とラ
　　　モデリング 　　　　　 完成 　　　　　　 設定 　　　　　 イティング

図8.1 CG データ制作のプロセス

CG ソフトウェアを使いこなすためには，撮影，照明，編集といった映像制
作全般の知識が必要なのである。さらにそこでは，合成，アニメーションな
ど，SFX 技法における数々の作業も加えなければならない。CG 制作の工程を
映像制作技法のプロセスとして捉え，全体を理解して取り組む能力が必要なの
である（**表8.1**）。

表8.1 CG による映像制作の各段階と必要な基本用語

CG 制作の工程	各工程の解説	関連する技術用語
1. 3D モデリング	モデリング機能を用いて 3D 形状をデザインする 物体の 3D スキャン	ポリゴンデータ 自由曲面，NURBS メタボール
2. カラー，材質の設定	モデルに色彩を設定する 表面の反射モデルを設定 透明率と屈折率，自発光	シェーディングモデル フォンシェーディング グーローシェーディング
3. テクスチャ設定 　（表面質感の詳細）	モデルの材質を金属，木材 などの属性に合わせて設定 ゲーム用のベイク処理	テクスチャマッピング バンプマッティング 法線マッピング，UV マップ
4. アニメーション	モデルにジョイント設定 ボーンストラクチャの設定 アニメーションの設定	キーフレームアニメーション インバースキネマティクス モーションキャプチャー

表8.1 （つづき）

CG 制作の工程	各工程の解説	関連する技術用語
5. ライティング	シーンの設定に応じて ライトのタイプや強度を決定 光源の位置と光線の方向	環境光，面光源 点光源，スポットライト 影の投影，性質を決める
6. カメラ構図設定 （カメラワーク）	シーンのストーリーに応じた カメラ位置とレンズの設定 カメラワークをつける	カメラの画角構図を決める レンズの焦点距離，被写界深度 カメラモーション設定
7. レンダリング描画 （データの書き出し）	工程6まで完成したデータを 実際にアニメーションとして 画像に書き出す	スキャンライン レイトレーシング ラジオシティ 隠面消去法，Zバッファ法
8. 調整工程 （背景合成）	工程7までに書き出した 背景画像などを合成する モーションブラー，フォグ	アルファチャンネルによる合成 各種画像フォーマット PNG，JPG 各種映像データフォーマット

8.2　CG 技法の源流

　CG ソフトウェアは，これまで50年にも及ぶ技術革新の積み重ねのうえに
でき上がったものである。音大生が楽器演奏法の歴史を学ぶように，映像を勉
強する学生は CG の基本技法とその歴史を知る必要がある。ここでは，先人達
が膨大な労力で達成した成果や，CG 技法の源流となったアイデアを紹介する。

8.2.1　ARPA における CG の基礎研究

　世界最初のコンピュータ ENIAC（エニアック）が誕生したのは1940年であ
る。その2年後の1944年には，マサチューセッツ工科大学（MIT）において
フライトシミュレータ「Whirlwind」の開発が始まり，コンピュータから CRT
モニターに点描画を映し出すことに成功した。これが世界最初の CG でと言わ
れている。1958年には米国防省が現在の DARPA の前身である，ARPA（先進
研究計画局）が設立されて CG 研究が進められた。当時の冷戦を背景とした軍
事開発の下で，現在の CG の基盤技術とともに，インターネットの起源である
コンピュータネットワークの概念が形作られていった。

8.2.2　**CG の父**　［アイヴァン・サザランド］

1963 年には，MIT 博士課程の**アイヴァン・サザランド**が「スケッチパッド」というシステムを開発し，これが現在における CG 作画装置の起源となった。60 年代に，ペンを動かすだけで画面上の図形を操作できる仕組みを作られていたのは驚異的である。その後，ヘリコプターのパイロットの死角を映像で見せて操縦しやすくするために，3 次元の画像を目の前に提示する**ヘッドマウントディスプレイ**を開発し，現代の VR の礎を築いた（10.4.1 項参照）。サザランドは，彼の弟子の中に CG の発展に尽くした人々が数多くいる。彼自身の業績とともに「CG の父」と呼ばれる所以である。

8.2.3　**CG アートの創始者**　［ジョン・ウィットニー Sr.］

もうひとり「CG の父」と呼ばれる人物を紹介しよう。スリットスキャンという光学的特撮技法を生み出し，モーションコントロールカメラの基盤技術を編み出した，ジョン・ウィットニー Sr. である。彼は，第二次世界大戦中に使われていた対空砲などの廃品から，歯車式アナログコンピュータを見つけ出した。それを作図機械として再生して，幾何学的な模様を連続的に撮影した[†]。これが世界初の「コンピュータによって動くグラフィック」の誕生である。彼はアーティストの弟ジェームズとともに，**デジタルハーモニー**というコンセプトに基づいた CG による映像アート作品を生み出した。その後『Matrix』（1971）や『Arabesque』（1975）といった作品を通じて，音楽を視覚化する理論を追求し，ビジュアルミュージックの潮流を CG に結びつけた。ジョン・ウィットニー Sr. は CG アートの創始者のひとりと言えよう。

8.2.4　**CG の基本技術の開発**　［ユタ大学］

CG 技法の重要なアイデアの大半が，1970 年代の**ユタ大学**で作られた。早くから CG 研究の構想を持っていた**デヴィット・エヴァンス**が，前述のサザラン

[†]　当時の CG アニメーションは，紙にプロットアウトされた線画を一コマずつフィルムに撮影し，後で着色するという手法が基本であった。

ドに協力を懇願してエヴァンス・アンド・サザランド（以下，E&S）を設立したのがその始まりであった。E&S の社屋はユタ大学内に置かれ，スタート当初からアラン・ケイ[†1] など，優秀な人材が全米より集まり，**隠面消去法**や**シェーディング**などの最重要テーマが研究された。CG 史に有名な「ユタ大学のティーポット」を使い，マーティン・ニューウェルが**簡易透過アルゴリズム**や**環境マッピング**の研究を行い，1971 年にはアンリ・グーローが，**グローシェーディング**技法を開発した。1973 年には**法線ベクトル**を補完して各ピクセルの明るさを調整する**フォンシェーディング**技法が，ブイ・トン・フォンによって考案された[†2]。さらに 1976 年には，フランクリン・クロウにより，**アンチエイリアシング**の手法も考案されている。これらの業績が短期間に成し遂げられたのは，まさに驚異である。

8.3　CG アニメーションの可能性

CG は特撮技術や SFX 技法のクオリティを大きく推し上げてきた。ここでは，CG の草創期から長年の技術開発と改良を重ねてきた，先駆的なクリエイターや技術者の業績をたどる。

8.3.1　3DCG への夢を追いかけて　［エドウィン・キャットマル］

ユタ大学の優秀な学生の中に，エドウィン・キャットマルがいた。彼は，**双3次曲面**を描画する手法や，**テクスチャマッピング**などの画期的なアイデアを考案した[†3]。『Halftone Animation』（1972）などの歴史的作品を制作して「3DCG によるアニメーション」の可能性を示した。その後は，ニューヨーク工科大学の CG 研究所（NYLT／CGL）に活動の場所を移し，2D セルアニメー

---

† 1　対話型 PC の原型を作りパーソナルコンピュータの父と呼ばれる。

† 2　これらのシェーディングに関する基礎研究の成果は，ジェームズ・ブリンなどによって引き継がれ，ブリンシェーディングなどのさまざまな技法に応用されていく。

† 3　CG のモデルデータは，通常は双3次曲面などの形で設計されるが，描画の段階では一度「ポリゴン（多角形)」の集合体に変換して計算される。

ションの自動化（Tween システム）や，などの研究を進めた。NYIT での研究を通じて，キャットマルは「コンピュータの技術的な側面と芸術的な側面を融合する」というアイデアを得て，いつかは長編アニメ作品を CG の力で作り上げる」という夢を膨らませていった[1]。

8.3.2 初の CG 長編映画 『トロン』

そのころ，史上初の CG 長編映画『トロン』（1982）の企画が進行していた[†1]。主人公のフリンが，プログラムの一部となり悪のコンピュータシステムと闘うという物語である。ディズニーが出資を決め，**トリプル I** が CG を担当することでスタートしたが，いきなり壁にぶつかった。要求される映像品質が，当時の技術レベルを超えていたのである。そこに，**MAGI**，**ロバート・エイブル & アソシエイツ**，**デジタル・イフェクト**の 3 社が挑戦し，その後の CG

技法を大きく成長させる開発を行った。俳優のスーツに電子回路のように光るラインが合成されたが，この処理にも膨大な労力が求められ，台湾の**クックーズネストスタジオ**がその大半を仕上げた。興行的に成功ではなかった『トロン』だが，CG 技法が持つ無限の可能性を世界に知らしめる作品となった（**図 8.2**）。

図 8.2　世界初の長編 CG 映画『トロン』

8.3.3 ILM における CG 技術開発

1978 年，「撮影から編集にいたる映画制作プロセスをデジタル化する」というビジョンを実現するために，ジョージ・ルーカスは，第 2 世代の **ILM**（Industrial Light And Magic）[†2] を設立する。同時期に，**ルーカスフィルム**内部

---

†1　2010 年に『トロン：レガシー』としてリメイクされた。
†2　ILM の第 1 世代は『スター・ウォーズ』の特撮の準備のために結集した，ジョン・ダイクストラ，フィル・ティペット，ケン・ロードストン，デニス・ミューレンなどのメンバーが 1975 年ロサンゼルス郊外に設立。

には，コンピュータ部門が発足して独自のプロジェクトを開始する。ここで，映画の編集や音響，VFX の工程をデジタル化することを目的として，フィルムスキャナーの開発やデジタル合成システムの構築を進めたのが，前述のキャットマルであった。映像の高速処理のために開発された特殊なコンピュータが設計され「Pixar Image Computer」と呼ばれた†。エドウィン・キャットマル自身の目標はあくまで高品質な CG アニメーションの制作であり，そのために**分散レイトレーシング**などの技術が開発され，「Reyes」と呼ばれるレンダリングシステムが生み出された。これらの技術成果は『スタートレック2/カーンの逆襲』（1982）のハイライトシーンに使われたが，その映像の品質は映画に求められる十分な水準には達しなかった。

8.4　**PIXAR の軌跡**

　いまや CG アニメーションの最高峰である **PIXAR** だが，当初はルーカスフィルム内に生まれた，CG 技術開発セクションにすぎなかった。しかし，そこで，エドウィン・キャットマルと**ジョン・ラセター**という二人の情熱家が出会ったときに，CG アニメーションの歴史的転換が始まった[2]。

8.4.1　**ILM からの独立**

　ルーカスフィルム内の CG チームは，彼らの実力を世に示すため，短編作品『アンドレとウォーリー B. の冒険』（1984）を制作した。秋の陽光に無数の草木が光る森林を背景に，2体のキャラクターが繰り広げるショートコメディであるが，この作品には，分散レイトレーシングや，**モーションブラー**など，彼らが開発していた最先端の CG 技術がふんだんに盛り込まれており，ジョン・ラセターは単純な形状で作られたキャラクターを伸縮させて表情豊かでユーモラスな表現を作り出した。本作が上映された SIGGRAPH '84 では，観客が熱狂す

---

†　このマシンの名前が，のちに「PIXAR」の名称の元となった。

るほどの好評を得た。しかしルーカスフィルム内では，映画産業への CG 利用の可能性は認められず，別組織としての独立を余儀なくされた[3]。

8.4.2　電気スタンドがすべてを変えた

　独立プロダクションとなった PIXAR には，スティーブ・ジョブスも経営に参画して 3DCG における独自の道を歩み始める。ジョン・ラセターは，戦略的に短編アニメの連作に取り掛かる。一本一本の作品に，具体的な技術的課題を設定して技術を磨き上げる作戦であった。その記念碑的第 1 作が『**ルクソーJr.**』（1986）である。電気スタンドの親子が転がるボールをめぐって戯れるシンプルな作品であるが，独特のユーモアと豊かな感情表現，そして**セルフシャドウイング**などの技術による美しい映像が SIGGRAPH'86 でも絶賛された[†1]。同年にトロント大学との共同で制作された『Flags and Waves』は，月明かりに照らされて海岸に寄せる波など自然を高度にシミュレートした。その後，『レッズ・ドリーム』（1987）に登場する一輪車や，『ニックナック』（1989）の雪だるまのように，豊かな感情表現をする CG キャラクターが生まれた。アカデミー賞短編アニメーション賞を受賞した名作『ティン・トイ』（1988）は，こうした努力の積み上げのうえに生まれたのである[†2]。

8.4.3　実力派 CG プロダクションへ

　PIXAR による短編映画プロジェクトは，CG による表現の壁をつぎつぎに突破し，技術的な進歩を遂げて世界的な評価を得た。しかし，これらはあくまで「CG 技術のための試作品」にすぎず，PIXAR のビジネスとしての売り上げにつながるものではなく，CG アニメーション部門は存続が危ぶまれる状態であった。ここで PIXAR のアニメ部門が閉鎖となっていたら，CG 映画の歴史はすっかり変わっていたことだろう。しかし，ちょうどそのころ，ディズニーか

---

　†1　電気スタンドのキャラクターは，その後 PIXAR のシンボルとなった。
　†2　ブリキの人形と遊ぶ人間の赤ちゃんが初めて登場した作品。単純化されたモデルではあったが，「CG で人間を表現する」という難題に挑戦した。

ら提案されて，立ち上がったプロジェクトが『**トイ・ストーリー**』（1995）で
あった。オモチャだけでなく人間も登場する 77 分のフル CG 映画を作るとい
うことは，この企画が始まった 1991 年当時の CG 技術やレンダリングパワー
では，いくつもの難しいハードルを越えなければならなかった。しかし公開さ
れた作品は，熟考に熟考を重ねたストーリー展開，温かみのある色調と美しい
陰影の映像などで，観客を魅了する傑作となり興行的にも大成功を納めた。そ
の後『**バグス・ライフ**』（1998），『**モンスターズ・インク**』（2001），『**ファイン
ディング・ニモ**』（2003）などの作品が生まれ，映画界には長編 CG アニメー
ションという新しいジャンルが打ち立てられた。

8.4.4　長編 CG 映画の幕開け

映画『トロン』を手がけた MAGI 出身のアニメーター，**クリス・ウェッジ**
は，『Balloon Guy』などの短編 CG 作品によって高い評価を受けていた。ウェッ
ジは，その後ニューヨークを拠点に**ブルースカイスタジオ**を設立し，独自のレ
ンダリングソフトである CGI Studio を用いて，CM や映画用素材映像などを制
作していたが，それらの技術的成果を長編 CG アニメ映画『**アイス・エイジ**』
（2002）に投入した。全編の制作にレイトレーシングという計算時間の掛かる
手法を用いたが，それによって地球の氷河期の自然を美しい光線に照らし出す
ような，美しい映像が完成した。氷河期の動物たちが繰り広げる心温まるス
トーリーも素晴らしく大ヒット作品となった。

1983 年に小規模な CG プロダクションとして，CM や TV 番組のオープニン
グタイトルなどの仕事をこなしていた
PDI（pacific data images）は，いくつか
の経営の危機を乗り越え，**ドリームワー
クス**の傘下で着実に実力を積み上げてい
た。2001 年には，長編 CG アニメ作品
『**シュレック**』を発表する（**図 8.3**）。
シュレックやロバのドンキーのユーモラ

図 8.3　ドリームワークスによる
長編 CG アニメ『シュレック』

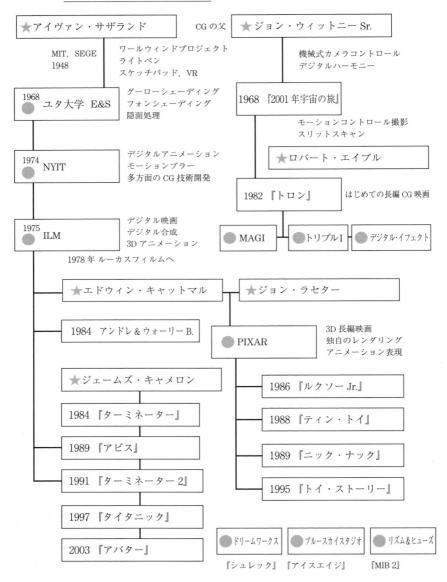

図 8.4 CG 技法開発の歴史と重要な作品

スな動き，フィオナ姫の衣服の繊細なシミュレーション，ビールの泡など細部における表現が素晴らしい。本作も世界的なヒットとなり，まさに CG 長編映画の時代の幕開けとなった。

8.4.5　不撓不屈の人々

CG 長編映画を実現の過程で，CG の将来性を見抜いた人もいれば見抜けなかった人々もいる。困難に出会い途中で挫折した人もいる。ディズニーのアニメーターであったときに，ジョン・ラセターは CG の可能性を上司に説明しても，逆に逆鱗に触れて解雇されてしまった。エドウィン・キャットマルも，ディズニーで CG 技術のデモを行ってもだれにも理解されなかった。しかし二人は，それに挫けず，ともに CG による長編アニメーションを作る夢を持ち続けた。「信じる力」と「不撓不屈の精神」が，CG 映像の大成長を牽引し，映像産業に新しい時代をもたらしたのである（**図 8.4**）。

| 8.5 | **特撮映画における CG 映像** |

PIXAR を中心に，CG による長編アニメーション作品への道が切り開かれていったそのころ，特撮映画の世界でも CG 映像は存在感を強めていった。「実写との合成には使い物にならない」と言われていた CG がついに主役となるときがきた。『**ジュラシック・パーク**』（1993）の恐竜は CG で作られた。このとき CG の表現能力はストップモーション技法のそれを抜き去ったのである。これをきっかけとして，その後 CG 技法はスペクタクルな特撮映画に欠かせないものとなった（7.2.5 項参照）。

8.5.1　ジェームズ・キャメロンの CG への挑戦

CG 表現を，作品中で最も積極的に使ってきた監督は，**ジェームズ・キャメロン**であろう。彼の一連の映画で CG 映像はさらにその表現力を磨かれ，映画作品の魅力を引き立たせる「なくてはならないもの」となっていく。

キャメロンは出世作である『**ターミネーター**』（1984）や『**エイリアン2**』（1986）においては，ミニチュア撮影やストップモーションの特撮と見事な演出技法で，獰猛なモンスターを迫真の映像で描き出した。その後『**アビス**』（1989）で，海底に潜むエイリアンを描くため，キャメロンはCG技法を採用する。海水が人間の形に変化するシーンを実現したのが，当時のILMにおけるCGチームであった[†1]（**図8.5**）。続く『**ターミネーター2**』（1991）では，

図8.5 『アビス』海水をあやつる
エイリアン

水銀のような液体状で不死身の体を持つターミネーターが，なににでも同化するという設定であった[†2]。ILMはさらに高度なCG技法を開発することでこの見事な表現を実現した。本作によりCG技法は特撮における重要位置を占めることとなった[4]。

8.5.2　大型客船の沈没と群衆表現　『タイタニック』

さらに『**タイタニック**』（1997）で，キャメロンはさらにレベルの高いCGアニメーション表現に挑戦することとなった[4]。この映像はILMではなく，キャメロン自身も創設者となった，**デジタルドメイン**によって制作された。巨大豪華客船の沈没シーンは，フルスケールに近い船体のセットや，ミニチュアを組み合わせた映像に，CGによる船体と襲い掛かる海水などが加えられた。また，水面に落下していく乗客の表現にもCGが用いられ，迫力ある沈没シーンが完成した[†3]。映画において，これだけ大規模な群衆表現がCGによって描かれるのは初めてのことであった[5]。

---

†1　『アビス』エイリアンが操る海水の顔　[1:27:51 ～ 1:29:08]
†2　『ターミネーター』水銀のような身体　[0:37:34 ～ 0:39:23]
†3　『タイタニック』巨大豪華客船の沈没　[2:39:01 ～ 2:44:36]

8.5.3　バーチャル空間での特撮 CG　『アバター』

　ステレオ 3D 映画ブームの火付け役となった**『アバター』**（2009）では，さらに新しく難易度の高い CG 映像への挑戦が行われた。「観るのではない。そこにいるのだ」のキャッチコピーの通り，観客が実体験として感じるようなリアリティを目指し，舞台となる「パンドラ」の自然や生物のほぼすべてが，CG によって描かれた。その撮影環境自体がバーチャルであり，キャメロン自らがカメラを回すスタジオは，**モーションキャプチャー**と，**リアルタイムレンダリング**が組み合わされた，まさにバーチャル空間であった。『アバター』によって，映画制作そのものが CG による 3 次元バーチャル空間の中で行われるという時代が始まった。本作の登場は，CG 技法が今後さらにさまざまなテクノロジーと連携していくこと，CG 技法の発展が，映画の制作技法そのものを，根本的に変えていく可能性が示された。今後は，さまざまな映画制作において，CG を用いた**バーチャルプロダクション**†による撮影が拡大していくであろう。

演　習　問　題

〔**8.1**〕　現代使われている CG ソフトウェアを調べ，それぞれどのような特徴があるかを調べ，どのような作品制作に向いているか考えてみよう。

〔**8.2**〕　CG 技法における 3D データの基礎，レンダリング技法の基礎を知り，それぞれどのような開発の歴史があったのか調べてみよう。

〔**8.3**〕　現代の CG プロダクションと，それぞれが関わった映像作品について調べ，各プロダクションにどのような技法や表現の特徴があるかを考えてみよう。

---

†　スタジオやロケでの撮影の代わりに，CG キャラクターや CG による背景を用いる制作手法。

9章

アニメーション技法
── 芸術としての映像 ──

◆ 本章のテーマ

　アニメーションは，アーティストの心の中の想像力によって生まれる。すでに存在する世界の動きを映像に記録したものではなく，新たに「動き」を作り出し，作家自身の内面的世界やイメージを直接表現することも可能である。絵画や彫刻と同様に，純粋に作家による作品として成立するものであり，若い世代のみなさんに，ぜひチャレンジしてほしい映像表現技法である。アニメーションは，世界の絵に動きを与え，登場する人物や生物に生命を与えようとして生み出された。人類は，初めて絵を描き始めたときからその中に「動き」を取り入ようとしていたのかもしれない。ラスコーの洞窟の壁画や日本の古典絵画の絵巻物にも，絵画の中に「動き」を表現するものが発見できる。エミール・レイノーによるテアトルオプティークが作られたのは人々の「動く絵」が見たいという純粋な欲求に答えたものと言える。本章ではアニメーションの歴史をたどりつつ重要な作品とその技法を紹介する。

◆ 本章の構成 （キーワード）

9.1　アニメーションの誕生
　　　　フェナキストスコープ，ゾーエトロープ，プラキシノスコープ，
　　　　エミール・レイノー，テアトルオプティーク，カートゥーンアニメ
9.2　アニメーション産業の成長
　　　　ウォルト・ディズニー，セルアニメーション，アニメキャラクターの時代
9.3　アートアニメーションの作品
　　　　カットアウトアニメーション，特殊画材アニメーション
9.4　立体アニメーション
　　　　オブジェクトアニメーション，クレイアニメーション，スタジオライカ

◆ 本章を学ぶと以下の内容をマスターできます

☞　映画以前のアニメーション技法
☞　アニメーション産業発達の歴史
☞　アートアニメーションの傑作作品

9.1 アニメーションの誕生

　アニメーションの起源は，映像の誕生よりも遥か以前にまで遡ることができる。アルタミラの洞窟に描かれた壁画には，動物たちの動く姿を捉えようとした痕跡が見られる。「鳥獣戯画」や「信貴山縁起絵巻」のような日本の絵巻物には，登場するキャラクターの「動き」がアニメや漫画のように表現された箇所が多数存在する。映像が誕生する以前の人々の心には，絵画の中に流れる「ものが動く時間」というものがあったのかもしれない。本節では，映画という技術の発展とともに歩んだ，アニメーション技法の歴史を見ていきたい。

9.1.1　フェナキストスコープ

　映画が誕生する以前から，「動いて見える」ことを楽しみとする**視覚玩具**が考案されてきた。その中でも，アニメーションの原型と言えるのは，ベルギーの物理学者ジョセフ・プラトーが発明した**フェナキストスコープ**である。日本では**おどろき盤**とも呼ばれるこの玩具は，絵が描かれたコマとコマの間にスリットがあり，この円板を回転させ絵を鏡に映してスリットから透かして見るものであった。**ゾーエトロープ**は，同じ仕組みを円筒形にしたもので，スリットから円筒の内側に描かれたコマを覗く仕組みであった[1]。

9.1.2　アニメ映像の発明　［エミール・レイノー］

　シャルル・エミール・レイノーは，1877 年にゾーエトロープを改良した**プラキシノスコープ**を考案した。スリットの代わりに鏡を利用したこの発明は，翌年のパリ万博で選外優良賞を受賞し，その後プラキシノスコープの像をフィルムに似た帯状のものに並べて，幻燈でスクリーンに投影する装置を発明した。これ

図 9.1　エミール・レイノーの
テアトルオプティーク

が**テアトルオプティーク**である。1892年10月28日にパリのグレヴァン蝋人形館で，テアトルオプティークを用いて上映された『哀れなピエロ』は，まさに世界初のアニメーション映像であったが，その後生まれたシネマトグラフの登場によってエミール・レイノーの発明は忘れ去られてしまう[†]（**図9.1**）。

9.1.3 世界初のアニメーション作品

世界で最初のアニメーション作品は，ジェームズ・スチュアート・ブラックトンが制作した『Humorus Phases of Funny Faces』（1906）であると言われるが，これは研究者の意見も分かれるところである。1899年にイギリスで「Matches：An Appeal」というコマ撮り映像が作られたという記録もある。

カートゥーンアニメの創案者と見なされるのは，フランスのエミール・コールである。彼が制作した『ファンタスマゴリー』（1908）は，キャラクターが活躍するシリーズものとして世界初のアニメーション作品である。

シネマトグラフが人気となるにつれて新聞で漫画を描いていた作家たちがアニメーション映画の制作に乗り出すようになった。当時，ウィンザー・マッケイは雑誌『ニューヨーク・ヘラルド』で『夢の国のリトル・ニモ』（1905～）などの人気のシリーズ漫画を描いていたが，しだいに短編アニメーションの制作を始め，1914年には，アニメ草創期の傑作『恐竜ガーティ』（1914）を生み出した。これらの短編は数千コマに及ぶ動画をマッケイ自身が手書きしたと言われている。

9.2 アニメーション産業の成長

新聞に掲載された人気漫画のキャラクターが，まさに「動き始める」形でスタートしたアニメーション映画であるが，その後，ウォルト・ディズニーを始

[†] テアトルオプティークには，フィルムのパーフォレーション（フィルムのコマ送りのための穴）が用いられていた。映像上映の機構としては，シネマトグラフの発明（1895）よりも先をいっていた技術とも言える。

めとする大スタジオによって，つぎつぎとヒット作を生み出されるようになる。第二次世界大戦の前後から，漫画アニメ産業は，メジャースタジオがこぞって参加する世界的な大市場として成長していく[2]。

9.2.1　ウォルト・ディズニーとセルアニメーション

ウォルト・ディズニーは，同僚でアニメーターのアブ・アイワークスとともにミッキーマウスを生み出した。1928年には，ミッキーマウスが登場する3作目となる『蒸気船ウィリー』を制作した。これは世界初のトーキーアニメーション映画である。その後，ディズニーは世界初のカラー長編アニメーション『白雪姫』（1937）を完成させた。この作品で用いられたセルアニメーションの撮影技法は，マルチプレーンカメラと呼ばれる。セル画の撮影台を多層構造にして，近景と遠景との遠近感を表現できるようにし，各層の距離を調整し背景の「ピントぼかし」も可能となった。その後ディズニーは，大スタジオでの分業手法による大量生産のシステムを作り上げた。アニメーションを産業として成功に導き，世界のアニメーション市場を独占するようになる。

9.2.2　アニメキャラクターの時代

一方で，マックス・フライシャーは，ディズニーによる子供向けの擬人化キャラクターに対抗して，「ベティ・ブープ」や「ポパイ」など大人のキャラクターを生み出した[†1]。フライシャーは，人間の動きを線画アニメーションとしてトレースするロトスコープ技法を発明した。オットー・メスマーは，「フィリックス・ザ・キャット」を作り出した[†2]。1940年代以降アメリカでは漫画アニメの黄金期が始まる。ウィリアム・ハンナとジョセフ・バーベラがMGMスタジオ作品として「トムとジェリー」を創作する[†3]。まぬけなネコのトム

---

†1　デイブ・フライシャーとともに兄弟で設立した**フライシャースタジオ**は，当時のディズニーに対抗できる唯一の漫画アニメスタジオであった。
†2　その後「フィリックス・ザ・キャット」の人気は凋落するが，戦後TVアニメシリーズとして人気を博しその設定は『ドラえもん』にも影響を与えた。
†3　当初は，長編映画のフィルムの架け替えの時間を埋める作品であった。

と，頭脳明晰なネズミのジェリーが繰り広げるギャグアニメ作品として大人気
となる。時を同じくして，ウォルター・ランツは，**ユニバーサルスタジオ**にお
いて「ウッディー・ウッドペッカー」を創作する。**ワーナーブラザース**は人間
界に生きる大胆不敵なウサギのキャラクターを主人公とする「野生のバニー」
を製作。その後「バッグス・バニー」として，人気シリーズへと成長する。
1940年代は現在も有名な人気キャラクターを主人公とした漫画アニメ作品が
ぞくぞくと登場した商業アニメーションの歴史上重要な時代であった。

9.2.3　日本のアニメ産業の誕生

　戦前の日本においては，アニメーション用のセルを入手することが困難で
あったこともあり，村田安司や大藤信郎らによる切り絵アニメーションの技法
が中心であった。政岡憲三によって製作された，セルアニメ作品『くもとちゅ
うりっぷ』（1943）は，戦前の日本アニメーションの金字塔と言われ，松本零
士など，その後活躍する漫画家などに大きな影響を与えた。

　戦後の動乱期を経て，1956年に設立された**東映動画**は長編カラーアニメ作
品『白蛇伝』（1958）を発表する。その後も年に一本のペースで長編アニメを
製作して日本におけるアニメ産業を牽引していく[1]。1962年には，手塚治虫に
よる**虫プロダクション**が誕生し『鉄腕アトム』の製作を開始した。アトムは，
毎週30分という当時では無謀なスケジュールの締め切りを守るため，スタッ
フはアニメの見せ方にさまざまな工夫をしなければならなかった。しかし，こ
のときに生み出されたスタイルこそが，いわゆる「日本アニメ」的表現の原型
となったのである[2]。

9.2.4　アニメブーム

　東映動画と虫プロダクションによって，その後アニメ産業で活躍する人材が

---

[1]　宮崎駿や高畑勲は，東映動画で長編映画製作のスタッフとして活躍した。
[2]　キャラクターは静止したまま背景だけを動かす手法や，短いカットを重ねた画面転
　　換など。

輩出されて，日本のアニメ業界の方向が示されることとなった。いまも世界からも注目される「日本アニメ」の独特のスタイルが作られ，日本のアニメ産業発展の基盤が確立された[3]。1970 年代には『宇宙戦艦ヤマト』によって，青年層がアニメに熱狂し，『風の谷のナウシカ』（1984）の登場で，アニメの観客層は大きく広がり第二次アニメブームが到来した。『鉄腕アトム』の時代には，アニメの主要な観客層は小学生までの子供たちであったが，観客として中高生が加わりブームの牽引役となった。現在，日本のアニメ産業は，キャラクタービジネスや，コミックマーケットとも連動して，一大産業へと成長した。日本から世界へ発信するコンテンツとして世界中から注目を集めている。

9.3　アートアニメーションの作品

　もしあなたが作家志向であれば「自分だけの芸術作品を作ってみたい」と考えるだろう。映像制作は総じて集団での共同作業だが，アニメーション作品は個人の作業である。ぜひ本章で紹介するアートアニメーションの素晴らしい作品を観て，多くを学んでほしい（**表 9.1**）。

表 9.1　優れたアートアニメーション作品

作品タイトル	作者名	アニメ技法
『霧につつまれたハリネズミ』（1975）	ユーリ・ノルシュテイン	着色したセルロイドのパーツを動かす
『ファンタスティック・プラネット』（1973）	ルネ・ラルー	カットアウトアニメーション
『木を植えた男』（1987）	フレデリック・バック	水彩色鉛筆を使った手描きアニメ
『老人と海』（1999）	アレクサンドル・ペトロフ	油絵具を使って指で描くアニメ
『屋根裏のポムネンカ』（2009）	イジー・バルタ	身の回りのオブジェをコマ撮りする
『ウォレスとグルミット』（1989）	ニック・パーク	クレイアニメーション

9.3.1 カットアウトアニメーション『霧につつまれたハリネズミ』

カットアウトアニメーションは，キャラクターを描いた紙を切り抜いて動か
す切り絵によるアニメーションである。この手法による重要な作品が『霧につ
つまれたハリネズミ』(1975)[†]である。世界最高のアニメーション作家のひと
り，ユーリ・ノルシュテインによるもので，同名タイトルの絵本も出版されて
いる。背景画の上に，セルロイドにインクを染み込ませて着色して，細かく
切ったパーツを重ねていくという手法で作られている。この繊細で丁寧な手法
により生まれた，ハリネズミや森のキャラクターたちの動きや表情の奥深い味
わいを感じてほしい。

フランスのルネ・ラルーは『ファンタスティック・プラネット』(1973) な
どの作品で，素晴らしい芸術表現を創り上げた。「ペン画」のようなディティー
ルで描かれるディストピア世界は独創的である。中国の上海美術電影製片廠に
よる『シギと烏貝が争う（鷸蚌相争)』(1983) は，和紙を使うことで水墨画の
ような質感に仕上げることに成功している。

日本では大藤信郎が，この手法を使った『くじら』(1953) や『幽霊船』
(1956) などの作品を残している。千代紙やセロファンなどの独特の素材の
「切り絵」で作られた，日本における初期のアートアニメーションとして貴重
である。

9.3.2 特殊画材アニメーション 『木を植えた男』

つぎに**特殊画材アニメーション**による作品を紹介する。カナダのフレデリッ
ク・バックによる『木を植えた男』(1987) は，ひとコマずつ丹念に色鉛筆で
描かれている。ツヤ消し処理をしたセルに水性色鉛筆で描いたかすれたタッチ
の線が美しく，砂漠や草原を吹き抜ける風までも肌で感じ取ることができるよ
うな作風は，日本の高畑勲などにも影響を与えた。

ロシアのアレクサンドル・ペトロフは，油絵具で作画してアニメ作品を制作

---

† 短編アニメ作品。友達のこぐまに会いに行く途中，ハリネズミが森で見た不思議な体
験を描いた。同名タイトルの絵本も作られた。

している。指を使ってガラス板上に緻密な絵を描いていくという独特の手法
で，『老人と海』（1999）や，『春のめざめ』（2006）などの美しい短編を制作し
ている。見事な色彩とタッチによる太陽光や水しぶきなど，自然現象のみずみ
ずしい描写は，ぜひ一度は見てほしい作品である。彼はユーリ・ノルシュテイ
ンに師事し，自分の世界を切り開いた。

　カナダのノーマン・マクラレンは，フィルムに直接絵を描いたり引っ掻いた
り，パステル画を描いたり消したりする**パステルメソッド**などの実験的アニ
メーションを制作した。彼もまた，特殊画材アニメーションの先駆的作家で
あったと言えよう（6.1.2項参照）。

9.3.3　アートアニメーションに挑戦しよう

　本節で紹介したカットアウトアニメーションや特殊画材アニメーションの手
法は，デジタル編集ソフトを使うことでより手軽に制作することができる。本
来であれば，前述のアートアニメーションの作家たちのように，手作業でアナ
ログ素材に向かい，ふんだんに時間を注いでほしいところだが，卒業までに作
品制作の時間が限られている学生には，デジタル手法を使うという手段があ
る。特に「カットアウトアニメーション」は，Adobe Illustrator などで作画し
たパーツを，After Effects などの映像編集ソフトに呼び込み，位置を移動しな
がらアニメーションをつけることが[1]できる。また，撮影素材を色鉛筆画や
油彩などに変換する技法や，ロトスコープ[2]によって，動画からアニメーショ
ンを生み出すことも可能である。

---

†1　After Effects では，各パーツの関節部分を「ピン」で止める機能もある。「ピン」の
　　関節でつながった部位が連動して動くので非常に便利である。
†2　動画で撮影されたフレームを一コマずつトレースすることで，線画やイラスト風の
　　アニメーションを作成する手法。

9.4　立体アニメーション

「アニメーション作品を作りたくとも絵が描けない。」そういう悩みがあるときには立体アニメーションを勧める。「身の回りにあるもの」を使って，ファンタジー作品を作ってみよう。あるいは，生き物のように動くキャラクターをクレイアニメーションで作ってみるのはいかがだろうか。

9.4.1　オブジェクトアニメーション

身の回りのもので作る**オブジェクトアニメーション**は最も手軽で素朴な手法である。チェコでは，このジャンルにおいて重要な作家が活躍した。ヘルミーナ・ティールロヴァーは，1958 年に『結んだハンカチ』で身の回りのものを擬人化した可愛らしい作品を作った。

図 9.2　『屋根裏のポムネンカ』身の回りのモノで作られたファンタジー映像

イジー・バルタは，『手袋の失われた世界』（1982）で名作映画のパロディを手袋のアニメーションで表現し，2009 年には，『屋根裏のポムネンカ』を発表した（**図 9.2**）。ヤン・シュヴァンクマイエルは，粘土や人形だけでなく，家具や食器に加えてパンや野菜といった食材までを，素材として使ってアニメーション作品を制作している。奇抜なアイデアと独特の質感のインパクトは，見るものに強烈な印象を残す[4]。

1987 年 MTV アワードで，6 部門で受賞した『スレッジハンマー』[†]は，オブジェクトアニメーションの傑作である。**アードマンスタジオ**などから，傑出したアニメーターが参加している。オブジェクトアニメーションの手法は，初めてアニメーション技法に挑戦するのには最適である。映像を学ぶみなさんにはこれらの作品から技法を学び，自作に挑戦してほしい。

[†]　Sledgehammer：ピーター・ガブリエルによる世界的ヒット曲の PV である。

9.4.2　クレイアニメーション

粘土を素材として，少しずつ動かしながら撮影するアニメーションの技法を
クレイアニメーションという。この技法のパイオニアと言われるのが，アー
ト・クローキーである。「ガンビー」は，彼の学生時代の実験作品の主人公で，
その後『GUMBY ～ガンビーの大冒険～』は，NBC のテレビシリーズとして放
送されて人気となった。

ウィル・ヴィントンスタジオは『Closed Mondays』で 1975 年のアカデミー
賞短編アニメーション賞を受賞し，その後もさまざまな新しいクレイアニメー
ションの手法を生み出した[†1]。イタリアのフランチェスコ・ミッセーリは，粘
土以外に砂やペーパークラフトなどのさまざまな素材での新しい作風に取り組
んでいる[†2]。1980 年よりスイスで制作が始まった『ピングー』も，愛らしい
ペンギンのキャラクターが人気のクレイアニメーションによる長寿コンテンツ
である。ドイツのテレビ番組『Plonsters』は部屋の片隅でおきるコメディを
クレイアニメーションで描いたシリーズである。

9.4.3　ウォレスとグルミット

「ガンビー」のようなクレイアニメーション技法を発展させているのが，
ニック・パークである。彼は，国立映画テレビ学校の卒業制作として作品を
作っていた。幼いころからアニメーションに惹かれていた彼は，表情豊かな
キャラクターたちを生み出すために，労力を注ぎ込んでいた。ある日，学校を
訪れた先輩がその作品の一部を見ることになる。ニック・パークの並外れた努
力と豊かな感性に心打たれた先輩たちは，彼にアードマンスタジオの工房に
移って制作を続けることを薦めた。

その作品はその後 6 年掛かりで完成し，その後大人気となる『ウォレスとグ
ルミット』シリーズの第 1 作『チーズ・ホリデー』（1996）となった。ほんの
数秒の動きにも 1 日掛かりで取り組む，ニック・パークの丁寧な手法はいまも

[†1]　ウィル・ヴィントンらの技法はクレイメーションと呼ばれた。
[†2]　日本では「ヤクルト・ミルミル」の CM が人気となった。

変わらない。シリーズ第4作『野菜畑で大ピンチ！』（2005）は，第33回ア
ニー賞全10部門と，第78回アカデミー賞の長編アニメ賞を受賞した。

9.4.4　新時代の立体アニメーション

　トラヴィス・ナイトによる『KUBO／クボ　二本の弦の秘密』（Kubo and the
Two Strings, 2016）は，新しい時代の立体アニメーションの表現技法切り開
いた作品である。江戸時代の日本を舞台にして，魔法の三味線を操る主人公の
クボが，折り紙のニホンザルとクワガタムシを従えて，邪悪な叔母と祖父のラ
イデンに戦いを挑む。**スタジオライカ**4作目となる本作は，ストップモーショ
ンとVFXの融合による精緻な表現で，アカデミー長編アニメ映画賞とアカデ
ミー視覚効果賞にノミネートされた（**図9.3**）。

　新進気鋭のウェス・アンダーソンは，黒澤作品や，宮崎駿のアニメーション
へのオマージュ作品として，ストップモーション技法による『犬ケ島』（2018）

を制作した。日本を舞台に，ゴミの島へ
送られて行方不明となった犬を捜す少年
たちの冒険物語である。アンダーソン
は，黒澤明，宮崎駿の影響を強く受けて
いると話している。670人のスタッフが
携わり4年掛けて作り上げたという。

図9.3　『KUBO／クボ 二本の弦の秘密』
立体アニメーションとCGの融合

演　習　問　題

〔9.1〕　『木を植えた男』や『霧につつまれたはりねずみ』のようなアニメーショ
　　　　ンの名作と言われる作品を見て，それぞれの表現手法の特色を見つけてみ
　　　　よう。
〔9.2〕　アーティストの手作業から生まれるアートアニメーションと，CGを使っ
　　　　たアニメーションの違いを考え，それぞれの長所を比べてみよう。

10章 VR, AR 映像技法
—— 仮想現実と拡張現実の未来 ——

◆ 本章のテーマ

　電子技術の発展はテレビや映画に代表される映像コンテンツの大画面化や高精細化にのみ寄与したのではない。撮像デバイスや表示装置の低価格化，小型化に代表される進化とコンピュータ技術との連動により新しい映像表現技術が大学や研究所の中だけではなく一般家庭にまで広まろうとしている。本章ではおもに VR や AR といった「身に付ける」映像デバイスを用いた新しいコンテンツ表現について学んでいくとともに，360°カメラやドローンといった新しい撮影機材がもたらした新しい映像表現についても考えることとする。このような映像表現技術は，将来的にはより一般的なものとなりテレビや映画のように日常的に体験するものとなる。

◆ 本章の構成（キーワード）

◆ 本章を学ぶと以下の内容をマスターできます

☞　VR や AR とはなにか？
☞　アクションカム，360°動画，ドローン
☞　VR と AR 技術の発展
☞　VR と AR によるコンテンツ

10.1 新しい映像表現の手法 —— 大画面を超えて ——

映像の進化は画面の高精細化と大規模化の歴史でもあったと言える。小さなサイズの映写機から始まった映像の再生システムは，デジタル化を果たした今日も TV 放送の基本的な画素数であるフル HD（1 920×1 080）に続いて映画にも用いられている 4K（3 840×2 160）や次世代 TV 放送用の 8K（7 680×4 320）といった高精細な映像が開発されている。

しかしながら，新しい映像の楽しみ方としてパーソナライズされた映像が広く浸透しつつある。現在では映像を TV や映画館のみならず，PC やスマートフォンを通じて見ることが一般化してきている。映像のソースにおいても，従来は放送波ないしはビデオテープや DVD/Blu-ray といったディスクメディアを再生するものがほとんどであったが，現在では YouTube や Netflix といったインターネットを使った動画配信サービスが広く利用されるようになってきている。さらに近年では Oculus を発端とした民生用**ヘッドマウントディスプレイ**（head mounted display：HMD，以下 HMD）の発展に伴い，VR 映像を閲覧することも簡単になってきている。

撮影に関してはドローンを利用した空撮が近年では一般的になってきており，従来では高価であった空撮映像を手軽に利用することが可能となっている。さらにリアルタイム画像処理技術の発展に伴い，複数のカメラからの映像を同時に処理し，360°自由な方向の画像をリアルタイムに生成するいわゆる 360°映像も広く利用されるようになってきている。これらと 3DCG 技術の発展の組合せにより，スマートフォンの画面，PC の画面や HMD といった新しい映像再生技術ならびに新しい映像表現技術が広く出現してきている。

これらは従来の映画や TV にはない撮影方法や視聴方法に対応して新しいアイデアがたくさん取り入れられており，新たな映像表現への可能性が広がってきている。そのため従来のようなビデオカメラや映画用フィルムカメラにあった制約をとりはらった新しい映像表現のための技術が多く開発されている。

10.2　VR　と　AR

　本節では **VR**（virtual reality）と **AR**（augmented reality）について概説する。これらの技術や，**MR**（mixed reality）と呼ばれる技術の多くは共通して，実空間と仮想空間の間を埋めるようなシステムとなっている。

10.2.1　VR，AR とはなにか？

　バーチャルリアリティ（VR）は日本語では「仮想現実」と翻訳されることが多い。日本における VR の始祖とも言える舘 暲（東京大学名誉教授）の著作[1]によれば VR とは「実際の形はしていないか形は異なるかも知れないが，機能としての本質は同じであるような環境を，ユーザの五感を含む感覚を刺激することにより理工学的に作り出す技術およびその体系」のことであるとまとめられている。つまり，「本物ではないが，本物の代わりになるもの」すなわち「本物と同等の体験を得られるもの」というのが VR の本質であると言える。

　現在広くイメージされている VR というのは，HMD をかぶり視覚と聴覚を利用して仮想世界に没入するといったものが主流である。しかしながらこれは VR の大きな部分を占めているとはいえすべてではなく，現在では視聴覚以外の五感に対応したバーチャルリアリティの研究が盛んに行われている。

　オーグメンテッドリアリティ（AR）は拡張現実と訳されている。VR が存在しない仮想世界をあたかも存在するように感じさせるものだとすれば，AR は現実は存在しない情報を現実世界に重ね合わせる技術である。シースルー型の HMD を利用した AR システムのほか，ヘッドホンなどから流れる音を利用し，実際には存在しない音を重ね合わせる音響 AR なども開発されている。

10.2.2　映像装置としての HMD

　VR や AR に欠かせない中心的なデバイスが HMD である。現在の一般的な HMD は **図 10.1** のように頭にかぶるディスプレイ部分と，手に持つことで仮想空間を操作するコントローラから構成されている。HMD は文字通り「頭に装

着する」ディスプレイのことである。接眼光学系を用いることで，目の前に置いた液晶パネルで視野をカバーする方式が一般的である。さらに安価な簡易型 HMD としては Google Cardboard のようにスマートフォンを挿入して使うボックスにレンズを取り付けたものが存在しており，コンテンツ閲覧用として多く利用された。ボール紙やプラスチックで作られた筐体にフレネルレンズを取り付けるだけの簡単な仕組みで構成できるため，VR コンテンツの黎明期を支えるシステムである。現在では Oculus Quest に代表される単体で利用できる HMD が登場してきており，コンテンツの閲覧環境は整いつつあるのが現状である。

図 10.1　HMD とコントローラ

10.3　撮影方法の革新

　新しい技術による撮影方法としては，近年は三つの方法が注目を集めている。まず，**アクションカム**（action cam）と呼ばれる小型のカメラを身に付けて撮影することで新しい映像表現を手に入れることが可能となってきている。

　また，複数の光学系を同時に利用することで 360° あらゆる方向の映像を同時に記録するいわゆる**全天球カメラ**（omnidirectional camera）もさまざまな映像作品に利用されるようになってきている。

　無人で自律飛行を行えるラジコンヘリである**ドローン**（drone）は従来はコストなどの問題が大きかった空撮の範囲を広げることができる。

　光学系や撮像素子の進化，デジタルによる画像処理技術の進歩などが重なり，現在では放送用のクオリティを持った動画を非常に小型の機器でも撮影することが可能となってきている。また，光学系を複数利用することで全周囲の映像を撮影し，360° どの方向からの映像も再生を可能とするのが，360° カメラ

である。これらの再生には HMD が利用されることが多い。また，カメラやセンサの小型化とともに安定した飛行のできるドローンの開発が進み，ドローンの主たる用途としての空撮が広く行われるようになってきている。

　そこでこの節ではドローンやアクションカムといった新しい道具による撮影ではどのようなことが可能になるのかについて考える。

10.3.1　新しい撮影技術

　アクションカムや 360°カメラといった新しい方式のカメラは映像表現の広がりを大きくしている。アクションカムは手のひらに収まるくらいの超小型のビデオカメラであり，防水，防塵ケースとともに用いられることが多い。ケースに収めた状態で人体や乗り物に取り付けることにより，いままでのビデオカメラでは撮影できなかったアングルや，行動の撮影が可能となる。人間が持ち歩いたり，人体に取り付けるほか，サーフボードやマウンテンバイクなどに取り付けての動画撮影などに利用されている。

　光学系を複数用意することで，上下左右 360°の全天球映像撮影を可能とするのが 360°カメラである。360°カメラは当初は 6 台から数十台のカメラをボール状の治具に取り付けて撮影を行い，あとで画像処理によってそのつなぎ目を消す処理を行うものであった。現在では，一つのカメラに二つの撮像素子と二つの魚眼に近い超広角レンズを搭載することでカメラ単体で 360°の映像を撮影することが可能である。継ぎ目の処理に関してもカメラ内部で処理するものも登場しており，だれもが 360°の映像を動画で撮影することが可能となってきている。全周囲カメラの小型化に伴い，実映像を利用した VR コンテンツの開発が進むようになり，HMD を装着して体験する臨場感あふれたドキュメンタリー番組が数多く発表されている。

10.3.2　ドローンによる空中撮影

　ドローンとは遠隔操縦ができる飛行機の総称であり，元々は戦闘機訓練のための遠隔操縦可能な標的機に由来している。現在ではドローンといえば四つ以

上のプロペラで飛行する遠隔操縦・自動運転可能な小型のヘリコプターを指すことが多い。典型的な小型ドローンを**図10.2**に示す。これは4枚のプロペラによって飛行するクアッドコプターと呼ばれる飛行機であり，無線による遠隔操縦やプログラムによる自律飛行が行える。さらに大型の機体となるとGPSを搭載することで数キロメートルといった距離の目視圏外への自律飛行も可能としている。ドローンの飛行には許可申請が必要なものの，人間の搭乗する航空機に比べると撮影場所の自由度が高く，コストも掛からない。近年のドローン開発と撮影素子の進展により，アマチュアでも入手できる10万円程度の機材であってもスタビライズされた4Kクオリティで60フレーム/秒の動画を撮影することが可能となっている。

図10.2　小型ドローン

　高性能なカメラを搭載したドローンが安価に普及することにより予算を掛けなくとも空撮を行うことが可能になっており，高額な予算を掛けた映画やTVCFのみならず低予算の映画やドラマなどでも広く利用されるようになってきている。

10.4　VRとそのコンテンツ

10.4.1　VRの始まり

　VRの元祖と呼ばれるのはアイヴァン・サザランドが1968年に開発したSword of Damocles（ダモクレスの剣）と呼ばれるシステム[2]である。**図10.3**に示す通り，この装置は天井から吊るされた装置に内蔵された二つのディスプレイを光学的に屈曲させ両目にそれぞれ別の映像を見せることができるシステムである。当時のコンピュータグラフィックス能力から，映し出されるものは線画のみであり，システム全体は天井からワイヤーで吊られているため自由に

歩くことも困難ではあったが，自分
の視覚にCGを重ね合わせるという
体験を可能とした最初のシステムで
あった（8.2.2項参照）。

図10.3 世界最初のHMD装置[3]

HMD自体が本当に頭に装着でき
るようになるにはコンピュータの画
面がブラウン管から液晶ディスプレ
イになるのを待つ必要があった。

VRを広く普及させたのが，クラ
ウドファンディングサイトであるkickstarterでOculusが資金を集めて開発を
行ったOculus DK1である。スマートフォン用の液晶パネルを用いた光学系を
利用することで，安価にHMDを開発することに成功したものであり，この成
功をもとに現在のVRブームが生じている。

また，VRにおいては表示能力の向上したスマートフォンをそのまま光学系
として利用する，いわゆる「スマートフォン型」のVRゴーグルが開発されて
いる。スマートフォンは高精細な画面，バッテリ，通信，加速度センサなどと
いった機能を軽量な筐体に内蔵しており，これをゴーグル前面にはめ込み，レ
ンズを使った光学系で焦点距離を調整することで簡易なVRの体験装置として
利用する方法である。

さらに，民生用ゲーム機のオプションとして，PSVRが発売されている。こ
れはPlayStation4に取り付けて利用するHMDであり，Playstationとのセット
を用意することで，複雑な接続作業や設定などを行うことなくゲーム機の操作
レベルでVRを体験することが可能である。

10.4.2 VRコンテンツの広がり

このように，VRハードウェアがある一定の普及を見せるに従い，そのコン
テンツもマーケットに現れるようになってきている。PC用ゲームのオンライ
ン配布プラットフォームであるSteamでは通常のPC用のゲームだけではな

く，HTC Vive や Oculus Rift といった PC 向け HMD に対応したゲームや作品が配布（販売）されるようになっている。また，HMD に対応した動画の作成も広がってきており，動画配信サイト大手である Youtube においても立体視に対応した動画や，360°映像を提供することが可能になっている。

　HMD による没入感を生かした作品も数多く作成され，紛争によって故郷を追われた 3 人の少女のドキュメンタリーである『The Displaced』は 2016 年度のカンヌ映画祭でエンタテインメント部門のグランプリを受賞している。

　アメリカの TV 関連の賞であるエミー賞では 2015 年に初めて『Sleepy Hollow: VR Experience』がクリエイティブアーツ部門で受賞してから，毎年のように VR 作品の受賞が続いている。

　アメリカの映画関連での最大の賞であるアカデミー賞では，2017 年に A. G. イニャリトゥ監督の VR 作品である『Carne y Arena』がアカデミー特別業績賞を受賞している。

　ヴェネツィア国際映画祭では 2017 年から VR 部門である「Venice Virtual Reality」が開催されており，リニア部門とインタラクティブ部門の二つの賞が設定されている。

　これらのように映像作品の世界においても VR 映像は広く認知されるに至っており，映像表現における一つのジャンルとしての VR はますます発展することが期待できる。

10.5　AR による現実の拡張

10.5.1　AR 技術の始まりと発展

　augmented reality（AR）は元々コンピュータの能力を実空間での作業に応用するために利用されたのが発端であると考えられている。この augmented reality という言葉は 1992 年に発表された論文[4]で提唱されたのが最初である。このときの利用方法はジェット旅客機の組み立て作業時に必要であった，数多くのマニュアルを HMD を利用して閲覧することで作業の効率化を行うという

趣旨のものである。1990 年に実際にこのレベルのツールが作れたわけではな
いが，その先見性はいまもなお王道の AR アプリケーションであると言えるだ
ろう。

　実際に実装された AR のシステム
としては，まずは**マーカーベース**の
ものが挙げられる。これは空間に 2
次元バーコードのようなマーカーを
置くことで，それを目印にして情報
を重畳するものである。このシステ
ムの元祖が当時 SONY コンピュー
タサイエンス研究所の研究員であっ
た暦本純一らの **NaviCam**[5] である
（**図 10.4**）。

図 10.4　NaviCam（1995）[5] ©1994–1998, Sony
Computer Science Laboratories, Inc.

　NaviCam は 2 次元マーカーを利用し，カメラを通して見た映像を映し出す
画面上にさらに情報を重ね合わせて表示する仕組みである。1995 年のデモで
は小型 PC の画面と CCD カメラを組み合わせることで，そのコンセプトを実
現している。さらにこのマーカーベースの AR システムのツールキットは
ARToolkit として当時ワシントン大学の研究員であった加藤らによって開発
され，いまでも広く利用されている。現在もマーカーベースの画像 AR は，機
材はスマートフォンなどに集約されたとはいえ，ほぼ同等の仕組みが用いられ
ており，ARToolkit も広く用いられている[6]。

　その後，一眼のカメラからの動画を利用することでカメラや物体の位置を確
認する技術が発展した[7]。これらの技術では画像処理を特徴点を抽出して画像
処理を行うことで，単眼のカメラでの深度情報を含んだ空間データを生成する
ことを可能としている。現在ではこれらの技術に加え，安価な赤外線深度カメ
ラなどを用いることで安定した空間情報を取得する方法が一般的である。

10.5.2 AR コンテンツの広がり

コンテンツとしての AR の広がりは，**空間情報**（spatial information）に対するタグ付けや，動画や 3D モデルなどの提示といったものが行われている。箱根の街で行われたエヴァンゲリオンとのコラボによる AR アプリケーションはそのもっとも初期のものである。また，セカイカメラは GPS を利用して情報を位置情報と結び付ける，空間タグ付けアプリケーションの元祖と言えよう。現在ではスマートフォンに搭載されたカメラと GPS を利用することで手軽なAR を利用したアプリケーションが開発されている。位置情報を利用したゲームとして Pokemon GO やドラゴンクエストといったスマートフォンアプリケーションは広く認知されるに至っている。これらのゲームではスマートフォンに内蔵されたカメラを利用することで現実の空間上にキャラクターが存在するような画像を生成しており，一種の AR ゲームと呼ぶこともできる。

産業界での応用としては，Microsoft の HoloLens に代表されるような外部を見ることができるシースルー型の HMD との組合せによりエンタテインメントのみならず，実用的な業務アプリケーションが広く利用されるようになるであろう。

10.6 VR，AR 技法の展開

本章では，従来型のテレビや映画といった映像表現から派生した新しい映像による表現技術について概説を行った。AR や VR のような五感と一体化した映像表現は映画やテレビ番組とは異なった新しい映像体験を生み出すことができるようになる。

また，プロジェクションマッピングのような技術を用いることで屋外での実際に存在する建築物を利用したパフォーマンスを行うことが可能となり，場所やモノといった物理的な空間に強く依存した映像表現が行われるようになった。

撮影技術の進化としては，アクションカムと呼ばれる小型軽量で防水・防塵が施されたカメラを用いることによる，従来は撮影することができなかったよ

うなシーンやアングルでの撮影が挙げられる。

　また，全周囲カメラの低価格化に伴い 360°映像を簡単に撮影することが可能となっている。全周囲画像に方位センサのデータを付与しておくことにより，HMD を用いた鑑賞が行えるようになってきている。

　従来は航空機やヘリコプターなどが必要とされていた空撮においても，無線操縦により安定した飛行を可能とするクアッドコプター型ドローンの発展により，手軽に高空からの映像を手にすることが可能となってきている。

　これらのコンテンツはテレビ番組や映画館ではなくインターネットを用いた配信が広く利用されるようになっている。インターネットの広域化，広帯域化とパソコンの高性能化によりテレビに並ぶクオリティでの映像の閲覧を新しいシステムとともに可能としている。

　フィルムカメラによる映画の撮影から始まった映像製作の歴史は，映像に関する技術の歴史でもある。今後もデジタル技術の進展により，現在では想像できないような新しい映像表現を可能にする技術が登場することが期待できる。

演 習 問 題

〔**10.1**〕AR，VR と XR の違いについて調べてみよう。

〔**10.2**〕スマートフォンなどの簡易 VR 装置を利用し，VR 映像を体験してみよう。

第Ⅲ部：映像のビジネス展開

11章 映像制作の現場
── 撮影現場の職業図鑑 ──

◆本章のテーマ

　実際の映像制作の現場で働くにはどのような能力が必要なのか。良い映像作品を作るうえではチームワークは非常に重要である。デジタル撮影機器の発達とインターネットの普及により，映像制作の現場は大きく変化している。すべてはスピードアップし，制作スタッフの規模やシステムそのものが変化している。だからこそ映像制作の本質を理解し，基本をしっかりと身に付けたスタッフが必要なのである。映像制作の工程における手順とルールを全スタッフが理解し，適切なタイミングでコミュニケーションと連携をとらなければ，素晴らしい映像作品は生まれない。本章では，映像制作現場について具体的な事例から学ぶ。

◆本章の構成（キーワード）

11.1　プリプロダクション
　　　プリプロダクション，配役，ロケーションハンティング，衣装合わせ，
　　　リハーサル，撮影台本，ブレイクダウン，技術下見，プレビズ
11.2　プロダクション（撮影）
　　　プロダクション，順撮り，オープンセット，車道での撮影
11.3　ポストプロダクション（後処理）
　　　ポストプロダクション，SE，作曲
11.4　メイキングで学ぶ映画製作の現場
　　　助監督の役割，国際共同制作，アメリカの夜，映画の挫折

◆本章を学ぶと以下の内容をマスターできます

☞　映像制作の現場で働くうえで重要なこと
☞　映画製作における工程と連携作業の必要性
☞　映像のプロフェッショナルとしての能力

11.1　プリプロダクション

映画製作の全工程は三つの工程に分かれる。**プリプロダクション**（製作準備），**プロダクション**（撮影），そして**ポストプロダクション**（後処理）である。

11.1.1　プリプロダクションの工程

プリプロダクション[†]では，まずは主要スタッフだけが集まり，映画の骨格を作る。作品への夢にあふれ，最も楽しく高揚する時期であるが，成功へのプレッシャーや大きな責任に押しつぶされそうになる時期でもある。脚本の執筆と**資金調達**に続くこの工程で，最も重要なのは執筆中の脚本をもとに**キャスティング**や**ロケーションハンティング**，**セットデザイン**を進め，**撮影スケジュール**と**予算計画**を固めることである。これに基づき，各部門のクルーの採用と配置を始める。俳優陣が決まれば，役作りのために**衣装合わせ**や**小道具の選定**をし，いよいよ演技の**リハーサル**も始まる。映画製作における重要な要素は，すべてプリプロダクションで決定される（**図11.1**）。

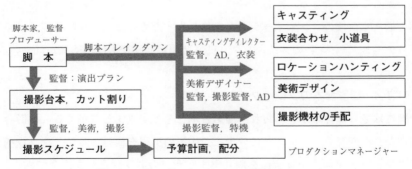

図11.1　プリプロダクションの工程とスタッフ

---

†　pre-production：日本語では「プレプロダクション」と言われることもあるが，海外では頭を「プリ」と発音する。

11.1.2 脚本をつくる

脚本は映画の生命であるが，その誕生のプロセスは千差万別である。**オリジナル脚本**は独自の物語で書かれたもので，**脚色**はある原作をもとにしている。脚色は原作を脚本に変換するだけでは魅力的な映画にはならない。

ここでは，映画『LIFE！』（2013）における，成功事例を見てみよう。ジェームズ・サーバーによる，たった数ページの短編小説をもとに，スティーヴ・コンラッドが脚本を書いた。原作での主人公は普通の勤め人であったが，彼を雑誌 LIFE のフィルム管理者とすることで，二つの重要な設定が加えられた。一つは「時代とともに消え去る者」，もう一つは「フィルムを通して世界を見てきた者」という設定である。前者によって「逆境の人生と冒険」という運命が，後者によって彼の「空想」のルーツを可視化することができた。

11.1.3 配役（キャスティング）

映画にとって最も重要なものは俳優の演技である。脚本上の設定に合った俳優を選び出す**配役**（キャスティング）は，映画の成否を決めると言っても過言ではない。『LIFE！』のメイキングでは，レイチェル・テナーによる配役の冴えを見ることができる。監督とキャスティングディレクターとが，多彩な俳優陣を揃えて演技のコンビネーションを作り出すために議論を続ける姿は，『マッチスティック・メン』のメイキング（11.4.2項参照）にも詳しく描かれている。

11.1.4 撮影台本のブレイクダウン

脚本はさらに推敲が進められ，**撮影台本**として完成する時がくる。撮影台本に書かれた内容をシーンごとに分析し，撮影の工程を検討することを**ブレイクダウン**と言い，製作予算全体を割り出すうえでも非常に重要な作業である[†]。台本分析のポイントは各セクションで違う。カメラマンであれば「撮影機材の選定と手配」が重要であり，特にクレーンカメラなどの特殊機材は予算にも影

---

† 撮影台本の分析に基づき，撮影スケジュールを計画する。

響する。衣装係であれば「衣装のつながり」を主眼に分析する。美術デザイナーは，ロケ地とスタジオで必要な「美術デザイン」を検討する。

11.1.5　ロケーションハンティング

「ロケで撮影するか？　スタジオセットで撮影するのか？」という判断は，スケジュールや製作予算に大きく影響する。ロケとスタジオでは，それぞれメリットとデメリットがあり，その振り分けは監督と美術デザイナーを中心に慎重に検討される[1]。**ロケーションハンティング**では，候補地を AD（助監督）やリサーチャーが事前に下見する[†1]。ロケ地で撮影が可能であれば，美術セットの建設予算が節約できたかもしれない。しかしロケでは，屋外の騒音や天候の変化があり，スタッフの移動コストや宿泊費用も発生する[†2]。

11.1.6　技 術 下 見

『マッチスティック・メン』のメイキングでは，リドリー・スコットも参加して，**技術下見**が行われる様子が紹介されている。技術下見は，各スタッフが現地の状況を知り，監督の撮影プランを確認して，撮影に必要なものを準備するために非常に貴重な機会である。さすがは映像派と言われるリドリー・スコットである。技術下見では，撮影するカメラアングルまでをピンポイントで即決し，各スタッフの質問に的確に答えている。ロケ地が未定のシーンも「どう編集するか」まで，すでに明確なイメージを持っていた。

11.1.7　プ レ ビ ズ

撮影や後処理が難しいショットを事前に検討をするうえで重要な技法が**プレビズ**である。これによって，ポストプロダクションの VFX などで予想外の問

---

†1　ロケーションハンティング（ロケハン）は和製英語である。正しくは，location scouting。
†2　スタジオセットであれば，照明によって夜も昼も関係なく撮影が可能である。静かな環境で，スタッフと俳優は撮影に集中することができる。

題が起きることを防ぐことができる。『LIFE！』では，主人公と上司との空想上の市街戦のため，CG によるプレビズと手描きスケッチを組み合わせた，簡潔で見事なシミュレーションを見ることができる。このシーンの撮影のために，スタッフが綿密な検討を重ねたことの証拠である。

『ゼロ・グラビティ』（2013）では，前半の宇宙空間シーンの大半がプレビズにおける CG データをもとに作られた。一方で，プレビズが濫用されると，撮影時のカメラの移動や，美術セットのデザインまでがゲーム画面のようになる傾向もあり，注意が必要である。

11.2　プロダクション（撮影）

映画製作がいよいよ**プロダクション**（撮影）に突入すると制作現場は大きく様変わりする。各部門のスタッフがぞくぞくと集まり，俳優陣との顔合わせもまもなくである。ここからはなにをするにも大所帯となり，映画はもう「後戻りはできない」段階となる。一度撮影クルーの一員になった経験のある人は，この時期の高揚感や興奮とともに，現場独特の重圧感を思い出すことであろう。

11.2.1　繰り返される撮影の日々

プロダクション（撮影）期間が始まると，製作現場はたくさんのキャストとクルーによって一種の興奮状態となる。順調に進んでいるときは良いが，一つ間違えれば，混乱と喧騒に包まれたカオス状態に陥ってしまう。撮影期間は，クルーにとっては，映画の製作工程で最もきつい時期でもある。早朝から深夜までの長時間労働もあり，酷暑との戦いや睡眠を削っての連続勤務など，忍耐力が試されるような状況を日々乗り越えていく長距離走である（1.1.1 項参照）。撮影の失敗や時間切れ，気象条件などによってスケジュールはつねに変更となる。それによって，修正と準備作業の繰返しである。きついスケジュールと仕事へのプレッシャーに負けず，スタッフ同士のコミュニケーションを絶

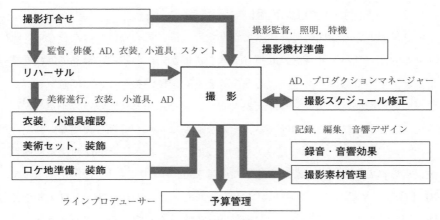

図11.2　プロダクション（撮影）の工程とスタッフ

やさずに，前向きにこの作業を繰り返していかなければならない（**図11.2**）。

11.2.2　スケジュールの優先事項

完成した映像作品は，台本の時系列順にカットがつなげられるが，撮影期間の撮影はその通りではない。物語上での感情の起伏を表現しなければならない俳優にとっては台本通りの**順撮り**が理想である。しかし現実には，スタジオセットの建て込み，ロケ地の条件や天候などによって，順不同の撮影となってしまう。『プライベート・ライアン』（1998）では，俳優が実際のノルマンディー上陸作戦の中にいる気持ちを維持できるように，物語の順番通りに撮影が進められた（**図11.3**）。社会から疎外されて怪物に変身していく物語『ジョーカー』（2019）で，主演のホアキン・フェニックスは，順撮りができないことに苦言を呈したという。特殊な役の心理表現がいかに難しかったかを語るエピソードである。

図11.3　『プライベート・ライアン』ノルマンディー上陸作戦をリアルに描く

11.2.3 準備は慎重の上に慎重に

いざ撮影という瞬間には，すべてが準備万端揃っていなければならない。セリフを覚え，リハーサルを繰り返してきた俳優が，この瞬間に最高の演技をすること。そのためにスタッフは心血をそそぐ。俳優が勢ぞろいして意気軒昂，すべての撮影機材の調子も良く天候も完璧だ。そんなときに限って小道具が一つ足りないために撮影が中断する。そんな悪夢はだれも経験したくない。

『マッチスティック・メン』のメイキングにも，こうした事件の決定的瞬間が捉えられている。その悲劇が起きたのは2002年7月26日，撮影が始まって10日目のことである。主演のニコラス・ケイジと，サム・ロックウェルが，詐欺の手順をめぐって言い争い，一触即発の大げんかをする。ドジャー・スタジアムを眼下に見る広場に，駐車場のオープンセットを設えての撮影だ。演技も最高潮で，だれもが「最高のシーンになる…」と思ったその瞬間，第2カメラが壊れた。さすがのリドリー・スコットも怒りをあらわにする中，必死で修理するカメラマンの姿が哀れに見える。この話の教訓は「撮影に使われる機材，小道具，衣装，すべて慎重の上に慎重を重ねて準備すべし」であろう。

11.2.4 事故はクルーの気の緩みから

撮影中に事故はつきものである。不思議なことに危険なスタントや爆発などの特効シーンでは起きないような事故が，比較的簡単な撮影で起きたりする。全員の心が一つになり，気が張っているときには大丈夫なのだが，クルーのちょっとした気の緩みが，大きな危険につながる。

図11.4 『トゥモロー・ワールド』
冒頭の爆発シーン

アルフォンソ・キュアロンの『トゥモロー・ワールド』（2006）の冒頭シーンでは，クライヴ・オーエン演じる主人公のすぐ後ろで大爆発が起きる。しかもこれを長回しワンカットで撮っている。（3.4.4項参照）エキストラや車両の動きやタイミングが少しでもずれたら大き

な事故となるところだが，緊張感のあるリハーサルによって安全な撮影を全うした（**図 11.4**）。『プライベート・ライアン』でも，危険な爆破シーンの連続であったが，慎重なリハーサルの結果，事故は一度も起きていない[2]。

11.2.5 独断で危険をおかさない

撮影現場では，助監督がクルーの安全を守らなければならない[†1]。『マッチスティック・メン』のメイキング映像を見てみよう。2002 年 7 月 31 日，撮影第 15 日目のことである。飛行場を模したアナハイム・コンベンション・センター前で，ニコラス・ケイジがカーチェイスシーンを演じる[†2]。車内での彼のセリフを録音するために，録音技師のリー・オルロフが，車のトランクに録音機材ごと乗り込んでしまった。勇気ある仕事ぶりと言えなくもないが，これは彼の独断でしかなく安全確保の面で問題である。俳優の運転ミスで彼が怪我をしてしまうかもしれない。助監督の一喝のもと，彼が車から引きずり出されたのは仕方ないことであった。この話の教訓は「撮影現場で危険なことは独断してはならない。必ず助監督に相談すること」である。

11.2.6 車道での撮影

撮影 50 日目の，2002 年 10 月 16 日，『マッチスティック・メン』の最終カットが撮影された。日本の映画関係者は，この映像を見て驚くに違いない。なんとロサンゼルス中心部の車道で堂々とロケ撮影が行われている。しかも警察が立ち会って，ロケ隊を「保護している」ではないか。このあたりの事情は日本と海外ではまるで逆である。日本では安全確保は撮影隊の責任であり，市街での撮影に警察の協力は得られない。リドリー・スコットが『ブラック・レイン』(1989) のメイキング映像でも語っているように，海外の映画製作者にとって日本の都市部での撮影が悪夢だというのは，こうした事情が背景にある。

[†1] スタントシーンなどでは，専門の安全管理者が立ち会うが，通常の撮影では，助監督が，安全管理者としての職務を行う。

[†2] 2001 年の同時多発テロ事件以来，実際の空港での映画撮影は，ほぼ不可能となった。

11.3　ポストプロダクション（後処理）

　撮影が終われば，**ポストプロダクション**（後処理）が始まる。長時間の編集
作業が続き，作曲家による音楽や SE（効果音）が加えられて，作品は見違え
るように成長していく。しかし，監督やスタッフの不安はまだ続く。スタッフ
間の試写や観客の反応を見る試写会などを通じて変更が加えられる[†]。どんな
形で仕上がることがこの映画にとって正解なのか？　この見えない答えを求め
て，監督とともに，ポストプロダクションのスタッフは最後の力を振り絞る
（**図 11.5**）。

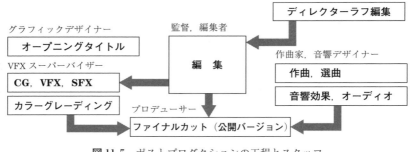

図 11.5　ポストプロダクションの工程とスタッフ

11.3.1　映像制作の最終段階

　脚本作りから撮影期間まで，長期間の苦労を重ねて育て上げた作品を，一度
観ただけの観客にあれこれ批評されるのは愉快なことではない。しかしこれを
客観的に受け入れて，糧とするのがプロなのかもしれない。『マッチスティッ
ク・メン』の試写会の結果は思わしくなかった。脚本家のニコラス・グリフィ
ンは「観た人全員が"嫌いだ"と言ったら信じていい」という。リドリー・ス
コットは「700 人のうち 600 人が理解できなければ問題だ」と，これを受け入
れた。

　[†]　海外では，ファンサービスではなく，完全な覆面状態でのテストとして，一般の観客
　　の反応を分析するために行われる。

しかし実際には，このバージョンのどこかに，二，三の問題があるだけである。観客の反応を冷静に分析したリドリー・スコットは，三つのセリフを加えた形でラストシーンを撮影し直した。これで映画は格段に良くなり，観客が納得しなかった問題（主人公の親娘関係が未解決）が解消されて「全財産を失っても人生を取り戻した男」の物語が，ここに完成した。

スティーヴン・スピルバーグにも追加撮影のエピソードがある。製作費を使い果たしたのちに，ある「ショッキングなシーン」を自前の資金をはたいて，内緒で撮影した。そのショットこそが『ジョーズ』（1975）の成功に導いたとも言われている[†1]。

11.3.2　さまざまなバージョンを試す

『マッチスティック・メン』の編集では，最終段階においてさまざまなバージョンが試されている。主人公のロイが襲われるシーンはどのバージョンが良いのか？　ロイが人生をやり直すのに，新しい恋人のキャシーとの関係は？（これらには，さまざまな種類のショットが撮影されていた）撮影の現場で判断がつかない場合には，可能な限り「別バージョン」を撮影しておくべきであり，さらに編集段階ではこれらを繰返し試してみなければならない。

オープニングタイトルのデザインも，ポストプロダクションにおける重要な作業である[†2]。映画『LIFE！』のオープニングはカイル・クーパーが担当している。『セブン』（1995）や『ミッション：インポッシブル』などのタイトルデザインで有名な巨匠であるが，本作では主人公の内面をカラフルに表現するために，40種ものアイデアで試作映像を作っている。納得できるまで試行錯誤を続ける仕事ぶりから学ぶことは多い。また『LIFE！』のメイキングで，クーパーは「ほかの映画で使ったアイデアを二度と使うことはない」とも断言している。

---

†1　サメに襲われて難破した船を，海洋学者のフーバーが潜水して調べるシーン。
†2　映画の冒頭で，おもなスタッフやキャスト，映画会社の名前などを示すモーショングラフィック映像。

11.3.3 苦境に立たされた作曲家

作曲家ハンス・ジマーのエピソードも，ポストプロダクションに起こり得る「落とし穴」の実例として貴重である。これまでリドリー・スコットとともに取り組んだ『グラディエーター』（2000）や『ブラックホーク・ダウン』（2001）などの超大作と比べると，『マッチスティック・メン』は小品である。コメディ風の音楽をつければ，簡単にでき上がるかと作曲に臨んだが，そうはいかなかった。

「問題がある。」スコット監督からこう告げられたジマーは，突然の行き詰まりに直面する。「われわれは音楽で苦労している。正直に言わざるを得ないが，中途半端だと思う。」監督から突然こんなことを言われて仰天しない者はいない。ジマーは苦境に立たされた。長い戦いの始まりである。

結果的に，ジマーは，すでに録音したすべての楽曲を，別のコンセプトで（コメディではなくシリアスドラマとして）作り直して，この問題を抜け出した。監督と作曲家の関係が，このように対等に批判し合える関係であることは稀有なことであろう。7作を超える作品をともにした二人だからこその関係である。

映画『乱』（1985）の音楽について，黒澤明と対立した作曲家，武満徹が，自ら降板を申し出たエピソードも有名だが，これも，芸術家同士が真剣勝負で臨むからこその出来事であろう†。一方で『影武者』以降の黒澤作品に携わった作曲家，池辺晋一郎は，監督の意向に応じて柔軟に楽曲を制作するスタイルで知られる。共同で芸術作品を仕上げる映画監督と作曲家の関係のありようもさまざまである。

11.4　メイキングで学ぶ映画製作の現場

それでは，いよいよ実際の映画製作の現場を見てみよう。映画を観ただけで

---

†　のちにこの巨匠二人は和解したと伝えられる。

はわからない「撮影現場の舞台裏」を，DVD や BD の特典メイキング映像で見ることができる。

　映画製作の現場の実際を学ぶ映画やメイキングを紹介する（**表 11.1**）。

表 11.1　映画製作の現場を学ぶ映画とメイキング映像

映画製作の現場を描いたメイキングドキュメンタリー	
『ブラック・レイン』（1989） 日本で逃走犯を追うアメリカ人刑事	日本における海外映画の製作の過程を紹介。日本の都市部でのロケの限界や今後の課題が理解できる。
『マッチスティック・メン』（2003） 潔癖症の詐欺師が娘に翻弄されて	映画製作の全過程における全スタッフの仕事がわかる。プリプロダクションから完成までの各段階を詳細に取材。
『LIFE !』（2013） 空想の世界だけヒーローとなる主人公	現在は存在しない「LIFE 社」を再現し，主人公の空想世界を描く。各部門のプロフェッショナルを紹介。
映画製作現場を描いた映画作品	
『映画に愛をこめて　アメリカの夜』（1973） 映画の撮影現場で起きる奇想天外な事件	映画に情熱をそそぐプロフェッショナルたち。数々の事件を乗り越えて映画を完成させる姿を描く。
『ロスト・イン・ラ・マンチャ』（2002） トラブル続きで失敗した映画製作の記録	準備不足がたたり，撮影中に立て続けに起きるトラブル。撮影中止に追い込まれる製作現場を描く。

11.4.1　時系列で追う現場『マッチスティック・メン』

　リドリー・スコットによる『マッチスティック・メン』の**メイキング**は，映画製作の全工程を準備から完成までの 3 段階に分けて非常にわかりやすく紹介している[†1]。本作はスコット監督にしては小品であり，スタッフ構成や規模も，日本における TV ドラマ番組撮影にも近い。監督がどのタイミングでどのような決断をし，スタッフに対してどのような指示を出すのかを学ぶことができ「監督による演出術の実際」を学ぶ教材として非常に有益である。

　また，撮影成功の鍵を握る人物として，**助監督**の K. C. ホーデンフィールド[†2]

---

† 1　マッチスティック・メン 特別版［DVD］：販売元：ワーナー・ホーム・ビデオ 本編
116 分，メイキング 72 分
† 2　ファースト AD（first assistant director）である。彼の下に複数の助監督がつく。

の仕事ぶりも詳しく描かれている。彼は，監督に最も近いスタッフとして，監督の演出意図を熟知し，最も効率良く安全な撮影プランをたてる。つねに撮影隊に指示を出しながら撮影をリードする現場監督である。

11.4.2 プロの仕事辞典『LIFE！』

短編小説『虹をつかむ男』[†1]を原作とした『LIFE！』には，映像化が難しい要素がたくさん詰まっている。空想の中でだけ「ヒーロー」になる主人公，ウォルター・ミティは，あるときは爆破寸前の建物に飛び込み，あるときは険峻な雪山の氷壁に挑む冒険家となる（**図 11.6**）。アメコミヒーロー並みの空中戦を上司のテッドと繰り広げる。これらの映像の実現には高度な特撮表現や，プレビズなどの技法が不可欠であった。また，ミティがネガ管理者として働くLIFE 社を再現することも美術部門には難題であった。雑誌 LIFE が 2007 年に休刊したため実際の社屋は現存しないのである。ミティが謎のネガを探しにい

図 11.6 『LIFE！』実写をベースにしたアクションの撮影

く，グリーンランドの海でサメと戦うシーン，アイスランドの原野をスケートボードで疾走するシーンなどは，あえてロケ地での実写にこだわった。この映画に結集した各部門のスタッフは，現代の映像表現技法を駆使して難題の数々を乗り越えていく。この特典映像は「プロの仕事辞典」と言えよう[†2]。

11.4.3 海外との共同製作『ブラック・レイン』

『ブラック・レイン』は，日本を舞台としたハリウッド映画であり，主演の

---

†1　雑誌ニューヨーカーで活躍した作家，ジェームズ・サーバーによる短編小説。原題は『The Secret Life of Walter Mitty』。1947 年に，ダニー・ケイ主演で一度映画化されている。
†2　『メイキング・オブ・LIFE！』はブルーレイ版にのみ収録されている。

松田優作の遺作となった。逃走犯を追って道頓堀を駆ける刑事をマイケル・ダグラスと高倉健が演じている。このメイキングを見ることで，犯罪映画の名作と言われる本作が，国籍を超えたクルーやキャストによる，素晴らしい**国際共同制作**の過程を知ることができる。一方で，海外の撮影隊を日本で迎え入れることの難しさや，都市部での大規模ロケの限界など，国際的な映画制作に対して理解度が低い日本の課題も浮き彫りとなっている。

11.4.4　映画への情熱『映画に愛をこめて　アメリカの夜』

『映画に愛をこめて　アメリカの夜』は，フランソワ・トリュフォーによるヒット作の一つである。「映画製作の現場」そのものを題材に映画化した作品であり，トリュフォー自身の現場体験に基づいたエピソードの数々が登場する[†]。セリフを覚えられない大女優や，スタッフの女性と失踪する男優，重要な撮影での突発的な事故，予算やスケジュールの問題などが立て続けに起き，問題回避のために奔走するスタッフたちの姿が同情と笑いを誘う。

「映画の撮影はトラブルと悪夢の連続」と受け取ることもできる。しかし，ここにトリュフォーの真意がある。クリエイター集団による複雑なプロセスである映画製作が困難であるのは当然のこと。それを全員で乗り越えることこそがスタッフの醍醐味であり，プロフェッショナルとしての誇りなのである（1.1.1 項参照）。

11.4.5　映画の挫折『ロスト・イン・ラ・マンチャ』

『ロスト・イン・ラ・マンチャ』は，未完となった映画のメイキングが，劇場映画として公開された稀有な例である。元々は，テリー・ギリアム監督，ジョニー・デップ主演の大作になるはずだった『ドン・キホーテを殺した男』のメイキングであった。しかし本編作品が頓挫してしまったため，資金回収の

[†]　夜のシーンを昼間に撮影する手法を仏語で「アメリカの夜」と言う。英語で「デイ・フォー・ナイト」。本作中では夜中に崖から転落する車のスタントシーンの撮影風景が描かれる。

図11.7 『ロスト・イン・ラ・マンチャ』
映画製作が崩壊する過程の記録

目的もあって，劇場映画として公開されることとなった†。おかげで，沈没していく巨大船のように崩壊する映画の一部始終を見ることができる。ロケ地上空を飛ぶ戦闘機の騒音，機材やセットを流してしまう濁流，そして主演俳優の病気。予算不足に起因するトラブルの連鎖が続く。それに翻弄されるスタッフの姿は直視しがたいものもあるが，「反面教師」として教訓に満ちた作品となっている（**図11.7**）。前述の『マッチスティック・メン』における，K. C. ホーデンフィールドとの好対照として，本作の助監督のフィリップ A. パターソンの仕事ぶりが印象的である。かたや成功作の立役者，かたや悲劇的な失敗の当事者とはなったが，いずれも現場の責任者として，最後までベストを尽くす姿に学ぶことは多い。『ハート・オブ・ダークネス/コッポラの黙示録』(1991) は，フランシス F. コッポラ夫人である，エレノア・コッポラ自らが撮影した貴重な記録映像である。トラブルに見舞われ混乱に陥る映像制作現場で奮闘するスタッフの姿がリアルに描かれている。

演 習 問 題

〔11.1〕『映画に愛をこめて　アメリカの夜』を観て，トリュフォー監督の映画への取組みを見るとともに，各種スタッフとの連携のあり方について考えてみよう。

〔11.2〕『ロスト・イン・ラ・マンチャ』を観て，予算調達，準備不足など，映画製作が失敗するさまざまな要因について調べてみよう。

〔11.3〕『地獄の黙示録 撮影全記録』[3]を読み，実際に起きたさまざまなエピソードから，巨額な予算による映画製作の工程について考えてみよう。

---

† ギリアム監督はその後も9回にわたり映画化に挑戦し続け，構想から30年後の2018年に『テリー・ギリアムのドン・キホーテ』として完成した。

12章 映画ビジネス
── プロデューサーの仕事 ──

◆ 本章のテーマ

　どんなに才能豊かな監督やクリエイターでも，資金がないと作品を作ることはできない。制作費を確保するためには，出資者にとって作品が魅力的に映るビジネス・プランニングが必須となる。プロジェクトを立ち上げて資金を調達し，監督と共に映画という「商品」を作って市場に送り出す，コンテンツビジネスの一連のプロセスのマネジメントを担うのがプロデューサーである。プロデューサーは初期の企画立案の段階から，制作現場の管理，作品のクオリティコントロール，最終的な収益目標の達成まで，1本の映画のすべてにおいて責任を持つ。その仕事は多岐に渡るが，本章では，おもに出資が集まり，映画制作着手が可能になったことを意味する"グリーンライト"が灯るまでのプロデューサーの業務について述べる。日本では1990年代後半ごろから，製作委員会方式と呼ばれる，数社が集まって資金を出し合い共同体を組成して映画プロジェクトを行うシステムが盛んに採用されてきた。近年では，クラウドファンディングによって資金調達を行った作品も登場している。

◆ 本章の構成（キーワード）

12.1　映画プロデューサーとは
　　　　コンテンツビジネス，製作プロデューサー
12.2　プロデューサーの仕事 ── プロジェクト成立まで ──
　　　　グリーンライト，映画化権契約，企画書，製作委員会，
　　　　クラウドファンディング
12.3　映画ビジネスの現状
　　　　興行収入，配給収入，権利許諾

◆ 本章を学ぶと以下の内容をマスターできます

☞　プロデューサーという仕事
☞　映画プロジェクトを成立させるには
☞　企画書の重要性
☞　映画をビジネスという視点で見る

| 12.1 | 映画プロデューサーとは |

　映画はクリエイターだけで作られるわけではない。映画プロジェクトを立ち
上げ，ビジネスのテーブルに乗せるのは，**プロデューサー**と呼ばれる人たちで
ある。作品のクリエイティビティは監督に大きく依存するが，プロデューサー
はその監督を掌握し，制作現場から作品のクオリティ，そしてビジネス面ま
で，映画のすべてに責任を持つ。世界の映画賞の中でも最高に権威のある米ア
カデミー賞で，授賞式の最後に発表されるのは作品賞であり，その受賞トロ
フィーを受け取るのは監督ではなくプロデューサーである。日本では映画は監
督のものであるという認識が根強いが，コンテンツビジネスという観点で捉え
ると，映画はその権利を所有する者のものであり，通常，プロデューサーは映
画の権利を所有する者，もしくは所有する団体に属している。

12.1.1　映画製作と映画制作

　映画製作と映画制作とは混同されがちであるが，両者には明確な違いがあ
る。映画**製作**を行う会社は，資金を集めて映画コンテンツという“商品”を作
り，市場で売って収益を得る。すなわち，作品の権利元となってコンテンツビ
ジネスを行うことを意味する。マーケティングや宣伝，配給に関しても，「製
作」業務に分類される。日本では映画会社やテレビ局の映画事業部門が中心と
なって，製作チームを率いるのが一般的である。

　一方，映画**制作**を行う会社は，製作元から映画制作費を受け取り，作品作り
の実作業を担う。脚本，撮影，演出，音楽など，いわゆるクリエイターやアー
ティストと呼ばれる人たちが行う創作活動のことである。通常，映画制作は映
像制作会社や，アニメ作品の場合はアニメスタジオが中心となって行う。制作
チームを率いる現場の総責任者が映画監督である。一本の映画を完成させると
ころまでが制作チームの仕事である。

　例えば，2016 年の大ヒット作『シン・ゴジラ』（監督・特技監督：樋口真嗣）
では，映画会社の東宝株式会社が「製作」を行い，「制作」は東宝の子会社の

図 **12.1** 映画『シン・ゴジラ』
〔『シン・ゴジラ(2枚組)』DVD 発売中
(発売・販売元:東宝)〕

映画制作プロダクションである株式会社東宝映画と,シネバザールというプロダクションが共同で行っている(**図 12.1**)。

参考までに,歴代の日本アカデミー賞最優秀作品賞受賞作品と,その製作を行った会社の一覧を**表 12.1** に示す。

表 12.1　日本アカデミー賞最優秀作品賞受賞作品および製作会社

回	年	作品名	製作会社
第1回	1978	『幸せの黄色いハンカチ』	松竹
第2回	1979	『事件』	松竹
第3回	1980	『復讐するは我にあり』	松竹,今村プロダクション
第4回	1981	『ツィゴイネルワイゼン』	シネマ・プラセット
第5回	1982	『駅 STATION』	東宝映画
第6回	1983	『蒲田行進曲』	松竹,角川春樹事務所
第7回	1984	『楢山節考』	今村プロダクション,東映
第8回	1985	『お葬式』	ニュー・センチュリー・プロデューサーズ,伊丹プロダクション
第9回	1986	『花いちもんめ』	東映
第10回	1987	『火宅の人』	東映京都
第11回	1988	『マルサの女』	伊丹プロダクション,ニュー・センチュリー・プロデューサーズ
第12回	1989	『敦煌』	大映,電通
第13回	1990	『黒い雨』	今村プロダクション,林原グループ
第14回	1991	『少年時代』	『少年時代』製作委員会
第15回	1992	『息子』	松竹
第16回	1993	『シコふんじゃった。』	大映,キャビン

表 12.1 （つづき）

回	年	作品名	製作会社
第 17 回	1994	『学校』	松竹，日本テレビ放送網，住友商事
第 18 回	1995	『忠臣蔵外伝 四谷怪談』	松竹
第 19 回	1996	『午後の遺言状』	近代映画協会
第 20 回	1997	『Shall we ダンス？』	大映，日本テレビ放送網，博報堂，日本出版販売
第 21 回	1998	『もののけ姫』	徳間書店，日本テレビ放送網，電通
第 22 回	1999	『愛を乞うひと』	東宝，角川書店，サンダンス・カンパニー
第 23 回	2000	『鉄道員（ぽっぽや）』	『鉄道員』製作委員会
第 24 回	2001	『雨あがる』	『雨あがる』製作委員会
第 25 回	2002	『千と千尋の神隠し』	『千と千尋の神隠し』製作委員会
第 26 回	2003	『たそがれ清兵衛』	松竹，日本テレビ放送網，住友商事，博報堂，日本出版販売，衛星劇場
第 27 回	2004	『壬生義士伝』	松竹，テレビ東京，テレビ大阪，電通，衛星劇場，カルチュア・パブリッシャーズ，アイ・ビー・シー岩手放送
第 28 回	2005	『半落ち』	『半落ち』製作委員会
第 29 回	2006	『ALWAYS 三丁目の夕日』	『ALWAYS 三丁目の夕日』製作委員会
第 30 回	2007	『フラガール』	BLACK DIAMONDS
第 31 回	2008	『東京タワー オカンとボクと，時々，オトン』	『東京タワー o.b.t.o』製作委員会
第 32 回	2009	『おくりびと』	おくりびと製作委員会
第 33 回	2010	『沈まぬ太陽』	角川映画
第 34 回	2011	『告白』	東宝映像制作部，リクリ
第 35 回	2012	『八日目の蝉』	『八日目の蝉』製作委員会
第 36 回	2013	『桐島，部活やめるってよ』	映画『桐島』映画部
第 37 回	2014	『舟を編む』	『舟を編む』製作委員会
第 38 回	2015	『永遠の0』	『永遠の0』製作委員会
第 39 回	2016	『海街 diary』	『海街 diary』製作委員会
第 40 回	2017	『シン・ゴジラ』	東宝
第 41 回	2018	『三度目の殺人』	『三度目の殺人』製作委員会
第 42 回	2019	『万引き家族』	フジテレビ，AOI Pro.，ギャガ
第 43 回	2020	「新聞記者」	VAP，スターサンズ，KADOKAWA，朝日新聞社，イオンエンターテイメント

12.1.2　プロデューサーの種類と役割

　一般的に「プロデューサー」と呼ばれるのは，「製作」現場のトップに立ち，プロジェクトの立ち上げから資金調達，チーム編成，作品のクオリティ，宣伝活動や最終的な利益創出まですべてに関わり，すべての責任を持つ映画プロジェクトの総責任者である。しかし，"プロデューサー"とつく肩書きはほかにも存在し，異なる役割を担っている。例えば，「製作」側には以下のような職種がある。

　〔1〕　**エグゼクティブプロデューサー**　　現場プロデューサーの上役や，製作会社の管理職・幹部が担う職務である。プロジェクトの最終責任者であり，「製作」や「製作総指揮」とクレジットされることもある。

　〔2〕　**アソシエイトプロデューサー**　　プロデューサーの仕事を助け，共同で業務を遂行していくスタッフ。「協力プロデューサー」「製作補」とも呼ばれる。一般的に，アソシエイトとして実績を積んだ後は，プロデューサーとしてメイン業務を担うようになることが多い。

　〔3〕　**企画プロデューサー**　　多岐に渡るプロデュース業務の中でも，企画に特化したプロデューサー。映画のコンセプトやターゲット，ストーリーのアイデアなど，作品の最も原初的な部分に関わる。「原案」とクレジットされることもある。

　〔4〕　**宣伝プロデューサー**　　作品の宣伝活動を統括する。宣伝コンセプトから具体的な宣伝プラン，メインビジュアルやキャッチコピーを決定するのも宣伝プロデューサーの仕事である。近年では撮影中から現場に入り，メイキング制作を指揮したりSNSで情報発信したりすることもある。

　他方，「制作」現場にも"プロデューサー"は存在する。例えば以下のような職種である。

　〔5〕　**ラインプロデューサー**　　予算管理からスケジュール管理，ロケ現場および日程の調整やスタッフへの連絡など，制作を円滑に進行するための現場管理責任者。製作プロデューサーと制作現場の間に立つ調整役も担う。多く

の場合，映像制作会社やアニメスタジオに所属している。

〔6〕 **キャスティングプロデューサー**   配役専門のプロデューサー。監督
やプロデューサーから依頼を受け，役に合った俳優やタレントをリストアップ
したり，オーディションを取り仕切ったり，芸能事務所に出演交渉を行ったり
する。

　以上のようにプロデューサーと呼ばれる職種は数多くある。その中でも，次
節では作品の総責任者である製作プロデューサー（以下，プロデューサーと表
記）が，映画プロジェクトを成立させるためにどのような業務を行っているか
を概説する。

12.2　プロデューサーの仕事 ── プロジェクト成立まで ──

　映画プロジェクトは，始めようと思えばすぐに成立するものではない。どん
なに良いアイデアがあっても，そのアイデアに賛同して資金を提供してくれる
出資者がいなければ，人や物を動かして制作を進めることは不可能である。資
金調達の目途がつき，映画制作に入れることを，「**グリーンライト**が灯る」と
言う。映画制作にゴーサインが出るということである。プロデューサーはま
ず，そのグリーンライトを目指して企画を立ち上げる。

12.2.1　マーケットリサーチ：企画立案

　映画製作の第一歩は，市場の現状を把握し，消費者に求められている作品の
シーズを発掘することである。日本映画の場合，オリジナルで脚本を制作する
ものもあるが，すでに発表されている作品を原作に映画化することが多い。プ
ロデューサーはつねに社会のトレンドにアンテナを張り，映画化に適切なネタ
がないかを探しているのである。

　例えば，以下のような形態で発表された作品が映画の原作として使用されて
いる。

　・小説

・漫画

・エッセイ

・ブログ

・ゲーム（ソフト・オンライン）

・昔の映画，TV番組，海外の映画など（リメイク）

・歌

　原作者がいない，または不明の昔話や伝説，実際の事件・事故，歴史的事実，実在の人や有名人をモチーフに企画を立ち上げることもある。プロデューサーは世間の声に耳を澄ませながら，さまざまな作品やメディアに目を通し，ネタを掘り出していくわけである。その際，ひとつひとつの作品について，プロデューサーは映画のコンセプトやターゲット，資金調達先，興行的な勝算などをしっかりと想定しながら映画化に適切かどうかを見極める必要がある。

　マーケットリサーチの段階で監督を巻き込み，意見を聞きながら共同で企画立案する場合もある。また逆に，監督が自らの企画を持ち込み，プロデューサーに相談することもある。

12.2.2 映画化権取得

　映画化したいと思える良いネタが見つかったら，つぎにプロデューサーがしなくてはならないのが映画化権の取得である。どんなに有望な原作であっても，ほかのプロデューサーがすでに映画化権を押さえていることもあるし，著作者が映画化を望まないこともある。プロデューサーはまず，原作の権利者や著作管理元（出版社など）に連絡し，映画化権取得が可能であるかどうかの確認を行う。取得可能であれば映画化企画の概要をまとめ，著作権者および管理元に交渉して契約へとコマを進める。

　映画化権契約には，おもに以下の三つがある。

・原作権譲渡契約

・オプション契約

・ライセンス（映画化許諾）契約

「原作権譲渡契約」とは，権利者が原作の著作権を譲渡する契約である。小説などでは通常あまり行われないが，作品の種類や状況によって，または譲渡範囲を限定して行われる。権利そのものの売買になるため，相応の対価の支払いが必要となる。

しかし，原作権を取得したからといって，すぐに映画化のグリーンライトが灯るわけではない。多額な対価を支払っても，資金調達に失敗し，映画化が実現しない事態は往々にして生じ得る。そういったリスクを避けるために採用される契約形態が「オプション契約」である。この契約は一定の期間中，映画化権を取得するかどうかの排他的オプションを与えられる契約である。プロデューサーはオプション権行使期間満了までに，映画化実現の見通しを立てるべく資金調達に奔走する。期間内に状況が整った場合，プロデューサーは「原作権譲渡契約」または「ライセンス（映画化許諾）契約」を結んで権利を取得する。状況が整わなかった場合はオプション権の行使を放棄するか，オプション権の行使期間を延長する契約を結ぶ。

「ライセンス（映画化許諾）契約」とは，原作の著作権を譲渡せず，権利者が原作の使用許諾を与える（ライセンスする）契約である。原作を周辺ビジネスでマネタイズ（収益化）する際に通常用いられる一般的な契約形態であり，映画についてもこの形態が採用されることが多い。

12.2.3 企 画 書 作 成

プロデューサーに課せられた最も重要かつ腕の見せ所となる仕事の一つが企画書の作成である。プロデューサーがプロジェクトを進めていくためには，さまざまな人や企業を巻き込んでいく必要がある。自分の企画がいかに高いポテンシャルを持っているかを説明するために欠かせないのが企画書である。企画書の提出先としては，おもに以下の相手が考えられる。

・所属企業の上司，経営陣

・原作の著作権者，著作権管理窓口（出版社など）

・主要スタッフ（監督），キャスト

・出資営業先

　企画書は，提出先に合わせて若干調整する必要があるが，おおむねつぎのような内容を盛り込む。

　　・タイトル　　　　　　　　　・想定予算

　　・企画概要　　　　　　　　　・スケジュール

　　・企画意図　　　　　　　　　・ビジネス展開案

　　・ターゲット　　　　　　　　・宣伝展開案

　　・シノプシス　　　　　　　　・その他

　　・イメージスタッフ，キャスト　　（周辺データ，イメージボードなど）

　この中でも特に力を入れて作り込むべきなのは，シノプシスとビジネス展開案であろう。

　シノプシスとは，映画のあらすじのことである。通常，企画の段階で映画一本分の脚本を書き上げることは稀で，まずは全体のストーリーラインをシノプシスとしてまとめる。オリジナルはもちろんであるが，たとえ原作がある作品であっても2時間の映画として魅力的になるように，しっかりと脚色する必要がある。例えば原作が何十巻もある漫画だった場合，すべてを映画の中に盛り込むことはまず不可能である。どのエピソードを映画にするか，企画の段階で慎重に見極める必要がある。場合によっては原作で男性として描かれている主人公を女性に変更することもある。2008年公開の映画『チーム・バチスタの栄光』（中村義洋監督，海堂尊原作）はその一例である。プロデューサーはシノプシスライター（および，すでに決まっている場合は監督）と話し合いながら，ターゲットとなる観客の嗜好を鑑み，より理想的なキャラクター設定やストーリーを構築していくのである。

　一方で，映画をビジネスとして成立させるための見通しを立てることも重要である。殊に出資営業先の企業や組織が問題にするのは「儲かるかどうか」であり，“商品”としての映画のポテンシャルを提示する必要がある。例として

　　・公開館数・興行収入想定

　　・周辺ビジネス想定（DVD・BD，グッズ，ネット配信，海外セールスなど）

・多メディア展開（TV ドラマ化，配信ドラマ化，ゲーム化）

といった項目が挙げられる。

12.2.4 資 金 調 達

グリーンライトを灯すために不可欠なのは，資金調達の目処をつけることである。プロデューサーは練り上げた企画書を持ち，出資営業に奔走する。資金調達の方法としてはおもに

・製作委員会組成

・助成金

・クラウドファンディング

がある。

〔1〕 **製作委員会組成**　　1990 年代の終わりごろから，多くの日本映画は**製作委員会方式**と呼ばれる独特の形態を採って製作されるようになった。一般公開される商業映画の場合，1 本の平均制作費は 3.5 億円とも言われる。この金額を一社が負担するにはリスクが高い。そこで，複数の企業が資金を出し合ってリスクをシェアし，共同出資企業（JV：ジョイントベンチャー）のようなアライアンスを組むようになったのである。この，出資企業の集合を製作委員会と言う。現在では製作委員会方式が日本の映画製作の主流であり，多くのプロデューサーは製作委員会の組成を目指して，出資可能性のある企業に企画提案を行う。委員会メンバーとなり得る企業は，映画会社，テレビ局，ビデオ会社，広告代理店，出版社，玩具会社，ゲーム会社，芸能プロダクション，レコード会社などである。そのうち，最大出資者が幹事会社として委員会を取りまとめることになるが，プロデューサーが所属する企業が最大出資者となるのが一般的である。

〔2〕 **助 成 金**　　日本では国や行政法人が，映画や漫画，アニメといった日本独自の文化芸術活動に対しての支援を行っている。文化庁の文化芸術振興費補助金や，日本芸術振興会が提供している芸術文化振興基金の助成金などである。助成を受けるためにはさまざまな条件や制約もあるが，低予算映画

や，商業性よりも芸術性を重視した映画の場合，こういった公的機関から資金
を調達するのも一つの手であると言える。

　海外展開を視野に入れた作品の場合，経済産業省のクールジャパン機構の支
援を受けることも可能である。また，産業改革機構が出資し，グローバル市場
をターゲットとした作品に対して支援を行う ANEW 株式会社という組織もあ
る。

　他方，企画によっては海外の映画製作支援制度の活用を視野に入れることも
ある。フランスのように，伝統的に潤沢な予算を映画製作の補助に割いている
国もあれば，カナダのように税制優遇を行っている国もあり，国際共同制作と
いう形を取れば，日本発信の企画であっても補助を受けることができる。

〔3〕　**クラウドファンディング**　　インターネット時代の新たな資金調達方
法として登場したのがクラウドファンディングという手法である。アメリカの
Kickstarter[1] を筆頭に，同じくアメリカの Indiegogo[2] や日本の Makuake[3] な
どのクラウドファンディングサイトが，世界中のプロデューサーや監督，クリ
エイターによって活用されている。企業や公的機関ではなく，一般の個人から
比較的少額な出資からある程度のまとまった金額の出資までを募って目標金額
を目指すこの手法は，大衆向けでないマニアックな作品や，新進監督の作品，
学生や個人の作品，製作委員会組成が難しい芸術性の高い作品などに用いられ
ることが多い。出資者は資金提供の対価として，クリエイターから直接メッ
セージをもらえたり，制作現場に訪問できたり，映画のエンドロールに名前を
クレジットしてもらうことができる。

　クラウドファンディングを用いて資金調達を行った映画の代表事例として，
2016 年に公開され，ロングランヒットを記録したアニメ映画『この世界の片
隅に』（片渕須直監督）が挙げられる（**図 12.2**）。

　本作はクラウドファンディングサイト Makuake で記録的な出資額を獲得し，

---

† 1　https://www.kickstarter.com
† 2　https://www.indiegogo.com
† 3　https://www.makuake.com

図12.2　映画『この世界の片隅に』
〔原作：こうの史代（双葉社刊）　監督：片渕須直
Blu-ray & DVD 発売中（発売・販売元：バンダ
イナムコアーツ）©こうの史代・双葉社/「この
世界の片隅に」製作委員会〕

大きな話題となった。

　この成功事例を手本に，今後クラウドファンディングによる資金調達が増加
する可能性は十分にある。クリエイター本人がエンドユーザーである個人から
制作資金を集めるスタイルが一般的になれば，映画の産業形態はまったく違う
ものになるであろう。

　以上の三つのような方法を使ってプロデューサーは資金調達を行うわけであ
るが，必ずしも全体予算の100％が集まらなければグリーンライトが灯らない
わけではない。監督や主演俳優のスケジュールによっては，全額調達できてい
ない段階でも見切りで撮影に入らなくてはならないこともある。リスクを取る
かどうかの判断も，プロデューサーが行わなくてはならない仕事の一つであ
る。

12.3　映画ビジネスの現状

　映画ビジネスは非常にリスキーであり，よくギャンブルに例えられる。前述
の通り，商業映画1本の平均制作費は3.5億円と言われるが，VFXやCGを駆
使した大作となると，10億，20億の予算が必要になることもある。しかし，
日本の映画産業の市場規模は2000億円前後であり，邦画だけに限れば1200
億円ほどに過ぎない。2005年ごろ邦画ブームが起こり，市場規模が大きく伸
びた時期もあったが，その分洋画の収入が落ち，全体としては2000年代に

表12.2 日本映画産業統計 (2000 ～ 2019 年)[1]

西暦	映画館スクリーン数 (うちシネコン) スクリーン	公開本数 邦画 本	公開本数 洋画 本	公開本数 合計 本	入場者数 千人	平均料金 円	興行収入 邦画 百万円	興行収入 洋画 百万円	興行収入 合計 百万円	シェア 邦画 %	シェア 洋画 %
2000	2 524 (1 123)	282	362	644	135 390	1 262	54 334	116 528	170 862	31.8	68.2
2001	2 585 (1 259)	281	349	630	163 280	1 226	78 144	122 010	200 154	39	61
2002	2 635 (1 396)	293	347	640	160 767	1 224	53 294	143 486	196 780	27.1	72.9
2003	2 681 (1 533)	287	335	622	162 347	1 252	67 125	136 134	203 259	33	67
2004	2 825 (1 766)	310	339	649	170 092	1 240	79 054	131 860	210 914	37.5	62.5
2005	2 926 (1 954)	356	375	731	160 453	1 235	81 780	116 380	198 160	41.3	58.7
2006	3 062 (2 230)	417	404	821	164 585	1 233	107 944	94 990	202 934	53.2	46.8
2007	3 221 (2 454)	407	403	810	163 193	1 216	94 645	103 798	198 443	47.7	52.3
2008	3 359 (2 659)	418	388	806	160 491	1 214	115 859	78 977	194 836	59.5	40.5
2009	3 396 (2 723)	448	314	762	169 297	1 217	117 309	88 726	206 035	56.9	43.1
2010	3 412 (2 774)	408	308	716	174 358	1 266	118 217	102 521	220 737	53.6	46.4
2011	3 339 (2 774)	441	358	799	144 726	1 252	99 531	81 666	181 197	54.9	45.1
2012	3 290 (2 765)	554	429	983	155 159	1 258	128 181	67 009	195 190	65.7	34.3
2013	3 318 (2 831)	591	526	1 117	155 888	1 246	117 685	76 552	194 237	60.6	39.4
2014	3 364 (2 911)	615	569	1 184	161 116	1 285	120 715	86 319	207 034	58.3	41.7
2015	3 437 (2 996)	581	555	1 136	166 630	1 303	120 367	96 752	217 119	55.4	44.6
2016	3 472 (3 045)	610	539	1 149	180 189	1 307	148 608	86 900	235 508	63.1	36.9
2017	3 525 (3 096)	594	593	1 187	174 483	1 310	125 483	103 089	228 572	54.9	45.1
2018	3 561 (3 150)	613	579	1 192	169 210	1 315	122 029	100 482	222 511	54.8	45.2
2019	3 583 (3 165)	689	589	1 278	194 910	1 340	142 192	118 988	261 180	54.4	45.6

入ってからほとんど変わっていない。邦画の収入も 2010 年代に入ってからは
ほぼ頭打ち状態となっている（**表 12.2**）。

12.3.1 興行収入と配給収入

市場自体が停滞している日本の映画産業であるが，そもそも利益構造に問題
があると指摘される。映画の収益の柱となるべき映画館の入場料金収入のこと
を，「興行収入（興収）」と言う。映画のヒットランキングや興行ランキング
は，通常この「興収」をベースにランク付けされる。観客数が増えれば収入も
増えるというシンプルな構造であるが，この売上すべてが製作元の取り分にな
るわけではない。興収の約 50％は映画館の収入として差し引かれる。残った
50％を「配給収入（配収）」と言い，映画館から製作元に支払われる。

ではこの「配収」が製作元の収益かというと，そうではない。配収のうち，
映画公開時に使った宣伝費（多くの場合，配給会社が負担）をトップオフした
残りの金額の約 30 ～ 40％は，配給手数料として配給会社の取り分となる。
残ったお金が製作元の収入である。

図 12.3 に示したように，この収入が制作費を上回っていれば，製作元は興
行だけで制作費を**リクープ**（回収）し，黒字を達成したことになる。しかし，
制作費を下回っていれば，興行は赤字となる。仮に 5 億円で実写映画を制作し

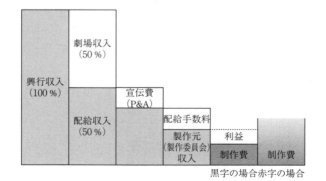

図 12.3　映画の興行収入と利益

た場合，ざっと見積もって少なくとも制作費の 4 倍のおよそ 20 億円以上の興収が上がらないと，製作元が利益を出すのは難しい。映画料金を 1 500 円と考えると，約 134 万人もの動員が必要だということである。

　一般社団法人映画製作者連盟が発表している日本映画産業統計によると，1 年間で 20 億円以上の興収を稼いだ邦画は，毎年 15 本程度に留まる。アニメ人気が高い日本では，その 15 本のうちの半分以上がアニメ作品であることも少なくないことを考えると，5 億で作った実写作品が興行だけで利益を上げるのは至難の業と言っても過言ではないだろう。

12.3.2　映画のビジネスモデル

　映画は興行だけで利益創出するのは難しい。では映画の製作者はどのようにしてビジネスを成り立たせているのだろうか。

　映画に出資をした者は，作品の著作権者となる。日本の場合，製作委員会方式で映画製作を行うことが多いため，製作委員会が権利窓口権を所有し，窓口業務を行うこととなる。よく許諾対象となる映画関連の権利の例として，テレビ放映権や国内外の配給権，ビデオグラム化権，出版権，商品化権，ゲーム化権，自動公衆送信権などがある。

　製作委員会は，それらの権利をテレビ放映権であればテレビ放送局に，ビデオグラム化権であればビデオソフト発売・販売会社に，商品化権であれば玩具会社や文具会社にセールスし，権利許諾を与える。契約内容は交渉次第で変わってくるが，ビデオグラムなどでは **MG**（**ミニマムギャランティ**：最低販売本数を保証する契約条項）を設定することも多い。映画は興行による一次収入だけでなく，このような二次収入を加えて初めてビジネスとして成立しているのである（**図 12.4**）。

　2000 年代初頭ごろまでは，レンタルビデオや映像ソフトセールスの市場規模が大きく，ビデオグラムのセールスで興行の赤字を補填するのが一般的な映画コンテンツビジネスのスタイルであった。しかし，インターネットの普及に伴ってビデオグラム市場が急速に萎んでいく中，映画の権利者はつねに新たな

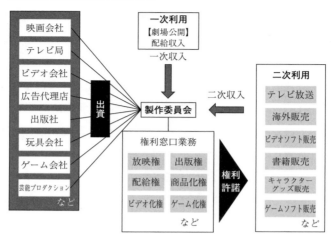

図 12.4　映画ビジネスの基本スキーム
〔みずほ銀行産業調査部作成資料をもとに作成〕

収益源やマネタイズ方法を模索している。

12.3.3　インターネット時代の映画ビジネス

　消費者の映像コンテンツの視聴環境の変化に伴い，映画業界でもさまざまな取組みが行われ始めている。その一例が，劇場公開に合わせてインターネットでも有料上映を行う配信同時公開という手法である。2014 年公開の『青鬼』（小林大介監督）では，劇場公開日の 0：00 ちょうどに，劇場に先駆けてニコニコ生放送にて作品を有料配信，1 万 2 000 人を超える視聴者数となり，当時の有料配信記録を樹立した。

　また，オンライン DVD レンタルおよび映像ストリーミング配信サービス大手の Netflix も，自社が製作した作品の劇場・配信同時公開を行っている。Netflix は映画会社ではないが，劇場映画並みの大作をオリジナルコンテンツとして製作しており，自社の配信サービスの会員に提供している。Netflix 発の作品は良質なものが多く，高い評価を得ることもしばしばであるが，彼らの作品は 2017 年のカンヌ国際映画祭である論争を巻き起こした。「劇場公開されていない作品を映画として認めていいのか」というものである。ことの発端

は，カンヌ国際映画祭の最高賞を決めるコンペ部門に，配信公開しかされていない Netflix のオリジナルコンテンツが2本出品されたことであった。世界中の映画関係者やメディアが意見を戦わせることになったわけだが，映画祭側は最終的に，翌年から Netflix 作品を受賞対象から除外すると発表するに至った。

　ここでカンヌの決断の是非は問わない。しかし，映画興行事業が停滞する中，右肩上がりの映像配信事業者がコンテンツ製作に乗り出したお陰で優れた映画作品が作られ続けているというのは無視できない事実である。新たなプラットホームがつぎつぎと生まれ，新しいビジネスが展開される中，映画監督やプロデューサーを含め映画産業に従事してきたプロフェッショナルたちが，「映画とはなにか」という根本的な定義を見直すときが来たと言えるかもしれない。

演 習 問 題

〔**12.1**〕映画「製作」と映画「制作」の違いを説明し，映画プロデューサーに必要なスキルはなにか考えてみよう。

〔**12.2**〕好きな映画を一つ選び，エンドクレジットを参考に，どういう企業が出資しているか調べてみよう。

13章 ネット社会と映像
── 動画配信サービスとデジタルジャーナリズム ──

◆ 本章のテーマ

21世紀の初頭までは，動画サービスといえば放送網とテレビ受信機を構成要件としたテレビジョン（以下，テレビと表記）が代表的なものであった。

現在のメディア環境を見てみると，インターネット通信網（1995年商用化開始）と視聴端末をスマートフォンとした動画サービスが隆盛となってきている。特に，iPhoneが2007年に発売され，スマートフォンの本格的な社会的普及が進んだのと同時に，インターネット通信網も無線モバイルブロードバンド時代に突入したことも相まって，インターネットモバイル時代が到来した。平成生まれのデジタルネイティブ世代にとっては，動画といえばテレビではなく，YouTubeやNetflixといった動画共有・配信サービスを意味する時代になってきた。

デジタルの波はジャーナリズムにも波及し，紙メディアとしての新聞の購読者数は世界的に右肩下がりである。本章では，進化の渦中にあるインターネット動画サービスと現代のジャーナリズムについてその変化の要因や現状，そして展望を概説する。

◆ 本章の構成（キーワード）

13.1 社会インフラとしてのインターネット
　　　ブロードバンド，スマートフォン，動画圧縮方式，ストリーミング，VOD，リニア配信
13.2 動画共有サービスと動画配信サービス
　　　YouTube，ニコニコ動画，Netflix, Amazon prime video, AbemaTV, TVer
13.3 デジタルジャーナリズム
　　　デジタルシフト，ウェブメディア，起業ジャーナリズム

◆ 本章を学ぶと以下の内容をマスターできます

☞　デジタル時代到来の技術的背景
☞　インターネット普及に伴う動画視聴形態の変容
☞　動画関連サービス
☞　ニュースメディアのデジタルシフト

13.1	社会インフラとしてのインターネット

　映像を視聴する利用者にとって，大容量の動画コンテンツをストレスなく，いつでも，どこにいてもアクセスできることが理想である。21世紀に入り，無線ブロードバンド配信技術の進化と共にモバイルメディア環境が社会的にも整備され，社会インフラとして驚異的な普及が図られてきた。今日のインターネット動画サービスの時代を切り開いた原動力である。

13.1.1　インターネット誕生前のネットワーク

　世界を結ぶ国際通信網は，インターネットが初めてではない。19世紀の段階で，**電信網**と呼ばれる符号を用いた低速度の通信ネットワークが世界中に張り巡らされていた。代表例はモールス信号である。モールス信号は可変長符号化された文字コードで，電報の電文伝達や，遠洋航海で船舶間の通常通信および遭難信号（SOS）などに利用された。1876年にはアレクサンダー・グラハム・ベルが電話機を発明し，音声の伝達が可能になった。

　日本には1854年，アメリカより再来航したペリーが幕府に電信機を献上し，初めて電信技術がもたらされることとなった。その後，明治政府が成立すると，政府はすぐに電信の官営を閣議決定して電信線仮設工事に取り組み，1870年に東京－横浜間で電信サービスの提供を開始した。電話はベルが発明した翌年に早くも電話機を輸入して国産化に着手，1890年には東京，横浜両市および両市間で電話交換サービスが始まった。

　電信・電話網は長年通信ネットワークの中核を担っていたが，1930年代にテレタイプ端末を利用した通信方式であるテレックス網が誕生，さらに1940年代に最初の電子式コンピュータが登場し，コンピュータ間や端末間で通信が行われるようになった。1960年代に入ると，パケット通信の研究が始まるなど，のちにインターネットへとつながる通信技術開発の源泉が生まれたのである。

13.1.2　ネットワークの技術革新と社会的浸透

インターネットは，米国防総省が軍事用に開発したコンピュータネットワーク間でのデータ通信方式を起源とする。1980年代には学術ネットワークとして米国内の大学や研究コミュニティにおいて普及が図られた。1993年には日本においてもインターネット通信の商用利用が可能となり，今日のインターネット全盛期を導いた。

しかし，1990年代の初期には，インターネットの物理的インフラの性能（通信能力）は，現在のブロードバンド無線ネットワークと比べると，きわめて脆弱なものであった。当時，インターネットでの利用は，電子メールやテキスト情報が主体のウェブサービスが主流であった。大容量で高速度な通信能力が必要となる画像，音楽，動画などのいわゆるマルチメディアコンテンツは，当時の通信インフラでは転送時間に関わる通信負荷や利用者のストレスが高く，実用的であるとは言い難い状況であった。マルチメディアコンテンツサービスが本格的に展開されるにはさらなる技術革新と普及が必要であった。

インターネットの通信インフラは，有線（アナログ回線）をベースにした，有線狭帯域（ナローバンド）通信時代（1900年代）を経て，21世紀初頭には，有線広帯域（ブロードバンド）時代を迎えた。

実際，2000年代になると，有線ブロードバンドでは，100 Mbps〜1 Gbpsの通信性能が提供される時代になった（ADSL回線でも50 Mbps通信速度を提供）。

一方，携帯電話，スマートフォンの普及と相まって，ブロードバンドモバイル通信環境も4G（第4世代）では，有線ブロードバンド並の通信速度（100 Mbps〜）が可能となり，技術的に大容量の動画コンテンツを配信，受信する環境が整ってきた。さらに，通信費用も，利用に応じて費用がかさむ従量課金制から，定額課金制への移行が進んだ。コストパフォーマンスの点で驚異的な改善がなされたことも，現在の動画サービスの隆盛を導いた強力な援軍であった。

13.1.3 視聴端末と撮影機器の進化：スマートフォンインパクト

動画配信に関わる通信環境の劇的な変化のほかに，動画の視聴端末（デバイス）についても，2000年から2010年代前半までの間に2度の大きな主役交代があった。

1度目は21世紀初頭，PCの工場出荷台数がテレビ受像機を抜き情報機器のカテゴリーでトップに踊り出たことであり，2度目は，2011年，スマートフォンの出荷台数が，PCを超えたことである（**図13.1**）。これにより動画の視聴端末が，テレビ放送におけるテレビ受像機から，インターネット通信（有線）

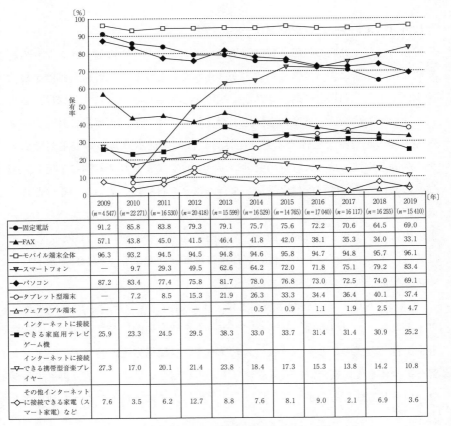

	2009 (n=4 547)	2010 (n=22 271)	2011 (n=16 530)	2012 (n=20 418)	2013 (n=15 599)	2014 (n=16 529)	2015 (n=14 765)	2016 (n=17 040)	2017 (n=16 117)	2018 (n=16 255)	2019 (n=15 410)
●固定電話	91.2	85.8	83.8	79.3	79.1	75.7	75.6	72.2	70.6	64.5	69.0
▲FAX	57.1	43.8	45.0	41.5	46.4	41.8	42.0	38.1	35.3	34.0	33.1
□モバイル端末全体	96.3	93.2	94.5	94.5	94.8	94.6	95.8	94.7	94.8	95.7	96.1
▽スマートフォン	—	9.7	29.3	49.5	62.6	64.2	72.0	71.8	75.1	79.2	83.4
◆パソコン	87.2	83.4	77.4	75.8	81.7	78.0	76.8	73.0	72.5	74.0	69.1
○タブレット型端末	—	7.2	8.5	15.3	21.9	26.3	33.3	34.4	36.4	40.1	37.4
△ウェアラブル端末	—	—	—	—	—	0.5	0.9	1.1	1.9	2.5	4.7
■インターネットに接続できる家庭用テレビゲーム機	25.9	23.3	24.5	29.5	38.3	33.0	33.7	31.4	31.4	30.9	25.2
▽インターネットに接続できる携帯型音楽プレイヤー	27.3	17.0	20.1	21.4	23.8	18.4	17.3	15.3	13.8	14.2	10.8
◇その他インターネットに接続できる家電（スマート家電）など	7.6	3.5	6.2	12.7	8.8	7.6	8.1	9.0	2.1	6.9	3.6

図13.1 情報通信機器の世帯保有率の推移[1]

インフラをベースとした PC へ，そしてブロードバンド無線通信インフラを前提としたスマートフォンへと移行してきた。2010 年代以降には，各自がパーソナルな占有環境（スマートフォン）で，いつでも，どこでも，動画サービスを享受できる技術的，社会的環境が整ったのである。

スマートフォンの能力は，すでに旧来の PC の能力を上回るレベルになっている。大容量のデータ処理が必要となる動画に関する処理能力，受信処理と再生処理能力，さらに高品質な動画撮影能力を併せ持った端末として，動画サービスにおけるコンテンツ生産能力と視聴能力の両面を併せ持つに至った。

13.1.4　ストリーミング配信サービス技術

前述の通り，動画の投稿，視聴環境は，インターネットの通信インフラの驚異的な技術革新によって著しい改善が図られた。しかし，大容量の動画を視聴端末に配信し，利用者にストレスなく視聴をしてもらうようにするには，さらにいくつかの技術的，社会的な課題が存在した。中でも，大容量の動画データそのものの絶対量を圧縮する動画圧縮方式技術の進歩はきわめて重要であった。動画圧縮技術は，大容量の動画コンテンツをアルゴリズム的に圧縮し，通信路において効率的に配信（受信）を行うことを目的にしている。そのため，高能率な圧縮と，その圧縮や解凍に関わる処理の効率性の両方が求められる。世の中にはさまざまな目的に適合した動画圧縮方式が多数存在するが，ここでは特に，インターネットの特性と著作権管理問題回避にもマッチしたストリーミング配信技術について概説する。

〔1〕　**ストリーミング配信技術とは**　　通信ネットワーク上で，マルチメディアコンテンツ（動画，音楽など）データを時系列的に受信しながら同時に再生を行う方式のことを，一般に**ストリーミング配信方式**という。コンテンツデータ全体を受信端末側に一旦受信してから利用者のタイミングで再生する**ダウンロード方式**もあるが，ストリーミング配信方式には以下のような利点がある。

a）　受信と再生の同時処理能力　　受信と再生処理を並行して進めるため，

利用者は待ち時間がなく視聴を開始することができる。

b）　実況型コンテンツの配信能力　　実況中継などのように開始や終了が
あらかじめ定まらない配信サービスをインターネット上で実現できる。
テレビやラジオ放送の実況中継のように，撮影・録音と同時に配信・視
聴できる方式は**ライブストリーミング**と呼ばれる。

c）　コンテンツデータが利用者端末側に残らない　　原則，受信したコンテ
ンツデータは，視聴者側の端末に保存ファイルとして残らないため，著作
権管理問題を回避することができる。

〔2〕　ストリーミング技術の恩恵　　ストリーミング技術は，動画サービス
においてストレスのない視聴環境を提供できることはもちろん，一般の利用者
が，安価なデジタルビデオカメラやスマートフォンの動画機能を使い，身近な
題材から社会性のある映像情報などを自由に創作して，自由に公開し発表する
場が提供された意義は大きい。だれでも動画を軸とした放送局（インターネッ
ト）を開局できるとともに，さまざまな映像情報をブログやソーシャルメディ
アで発表することが可能となった。映像配信分野だけでなく音楽コンテンツの
配信分野でも，このストリーミング配信技術はつぎのような影響を与えている。

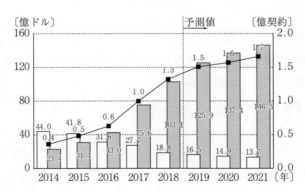

図 13.2　世界の音楽配信市場規模・契約数の推移および予測[2]
（IHS Technology 調べ）

・定額音楽サービスの技術的基盤の提供

・音楽・映像コンテンツの「購入（所有）」ではなく「再生（利用）」に対して対価を払うビジネスモデルの構築

ストリーミング配信技術の発展は，コンテンツビジネスのビジネスモデルを一変させ，瞬く間に普及していったのである（**図 13.2**）。

国内の売上規模としては 2009 年以降，従来型携帯電話からスマートフォンへの移行に伴い，人々の音楽消費に対する変化を背景に一時減少に転じたが，近年は再び増加傾向にある（**図 13.3**）。

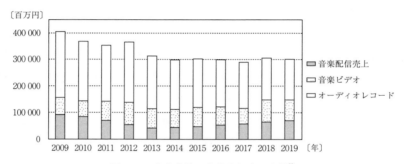

図 13.3　生産実績・音楽配信売上実績[3]

13.1.5　VOD とリニア配信

インターネット動画配信技術と社会インフラの整備に伴い，さまざまな企業が動画配信サービスを展開し始めた。スタンダードになった配信形態は，**VOD（ビデオオンデマンド）** である。VOD にはおもに以下の四つの種類がある。

AVOD（アドバタイジングビデオオンデマンド）　広告型動画配信のこと。動画に広告が表示されるため，ユーザーは無料で動画を視聴することができる。

SVOD（サブスクリプションビデオオンデマンド）　定額動画配信のこと。月額料金や年会費を支払えば，提供されているコンテンツを何本でも視聴することができる。

TVOD（トランザクショナルビデオオンデマンド）　レンタル型の動画配信。料金を支払えば，視聴期限内にコンテンツを視聴することができる。

EST（エレクトリックセルスルー）　買い切り型動画配信。インターネット上で動画のメディアファイルを購入する方式。

ユーザーは自分の用途に合わせ，配信業者を選んで無料視聴や契約，購入をすることができる。

他方，多くの動画配信事業者は近年，VOD に加えてコンテンツの**リニア配信**に取り組み始めている。リニア配信とは，テレビ放送のようにチャンネルごとの番組を決められた時間に配信することを指す。ユーザーはテレビ番組と同じように，放送中の番組をリアルタイムで視聴し，多チャンネルの番組をザッピングしながら楽しむことができる。ユーザーニーズを掘り起こす魅力的なサービスと言えるだろう。

13.2　動画共有サービスと動画配信サービス

ここからは具体的なサービス形態を見ていきたい。インターネットの動画サービスは，大きく分けて「動画共有サービス」と「動画配信サービス」の二つに分類できる。

表 13.1　動画サービス具体例一覧（2020 年現在）

動画共有サービス	動画配信サービス
・YouTube	・Netflix
・ニコニコ動画 / niconico	・Amazon プライムビデオ
・Vimeo	・Hulu
・Veoh	・U-NEXT
・Dailymotion	・dTV
・パンドラ TV	・DAZN
・ひまわり動画	・ひかり TV
・SayMove!	・AbemaTV
・Woopie	・Tver
・YOUKU（中国語）ほか	・GYAO!
	・Disney +
	・AppleTV +　　ほか

　動画共有サービスとは，企業または個人がインターネットのサーバー上に動画を投稿し，サイトの利用者と共有するサービスである。

　動画配信サービスとは，インターネットを通じて，利用者が映画やドラマなどの動画を視聴できるサービスのことを指す。

　ここでは，**表 13.1** に示した具体的なサービスのうち，代表事例をピックアップして紹介する。

13.2.1　動画共有サービス

〔1〕　**YouTube（ユーチューブ）**†　　2005 年に提供が開始されたサービスである。YouTube のユーザーは原則，投稿コンテンツを無料で視聴でき，さらにクリエイター（投稿者）は動画アップロードやアップデートが無制限でできる。これは創業当時，きわめてインパクトのあるサービスであった。その後，つぎのような先行投資と施策を投入したことで，YouTube はさらなる成功を手に入れることとなる。

　a）　ユーザー支援サービスの先行開発　　個人の発信メディアとして注目を集めていたブログへ，YouTube 動画を貼り付けることを支援する API（application program interface）を公開するなど，インターネット上で発信力のあるユーザーのための開発支援ツールやサービスを積極的に開発・提供。結果的に視聴者，投稿者を含めた驚異的なユーザー数の増加をもたらした。

　b）　既存コンテンツとの連携および提携の推進　　YouTube の利用拡大とともに，その存在や影響力は無視できなくなり，当初は敵視していた映像業界もむしろ積極的に活用するよう方針転換を図った。2006 年 4 月には，映画制作会社と提携し，映画の予告編の配信を開始。その後，米放送局 NBC や NHL（全米ホッケー協会）など，多くの企業・団体との戦略提携を実現，従来型マスメディアとの互恵関係を築くことに成功した。

　c）　クリエイターとのパートナープログラム　　YouTube 内にチャンネル

---

†　https://www.youtube.com

を設定したクリエイターが，チャンネル登録者数や総再生時間など，ある一定の要件をクリアすれば動画を収益化できるようになるプログラムのこと。YouTube の収益源は広告モデルであり，パートナープログラム参加者（動画提供者）と広告主との間に入ってマッチングを行っている。広告表示にはさまざまな種類があるが，視聴者が広告をクリック，再生または広告商品を購入・契約することでパートナーに収入が入る仕組みとなっている。

　自身のチャンネルにオリジナルで制作した動画を継続的に投稿する人のことを **YouTuber**（**ユーチューバー**）と呼ぶが，その中でもこのパートナープログラムによって多額な収入を稼ぐ人たちが注目を浴びたことから，YouTuber は若者の憧れの職業としてもてはやされることとなった。

〔2〕　**ニコニコ動画**†　　日本の IT 企業株式会社ドワンゴが提供しているサービス。2006 年にプレオープンし，2007 年から本格的にサービスを開始した。2012 年からはサービスの総称を niconico に変更，動画はもちろん，静画，生放送，チャンネル，ブロマガなど，さまざまなサービスを展開している。

　ニコニコ動画（通称ニコ動）には，ほかの動画共有サイトとは一線を画す特徴がある。それは，視聴者が動画の画面上にコメント（一口書き込み）をつけることができる，というものである。コメントは通常，画面の右から左へ流れていく。この機能があるお陰で，動画に対する視聴者の評価がわかりやすく，投稿者のモチベーション向上につながっているという。

　ニコ動ユーザーの間では，コメントに関する独特の手法や表現が存在する。例えば以下のようなものである。

・弾幕：画面が同じコメントで覆いつくされること。また，それを行う行為。

・88888：パチパチパチ，という拍手の音を表す。数が多いほどより大きい拍手の意味となる。

・wwwww：笑いのこと。

---

†　https://www.nicovideo.jp

これらはニコ動の前身である「ニコ厨」時代からユーザーの手によって育てられた文化であると言える。

13.2.2　有料動画配信サービス

〔1〕　**Netflix**（ネットフリックス）†　　1997 年に創業したアメリカ・カリフォルニアに本社を置くオンライン DVD レンタル（インターネットで DVD レンタルができる宅配サービス）および映像ストリーミング配信事業会社。2015 年に日本法人を設立，本格的に日本市場に進出した。

Netflix の強みはなんといっても自社が製作したオリジナル作品である。ドラマシリーズの『ハウス・オブ・カード　野望の階段』（2013 〜）や『オレンジ・イズ・ニュー・ブラック』（2013 〜），第 70 回カンヌ国際映画祭のコンペ部門に出品され，物議を醸した長編作品『オクジャ / okja』（2017），『マイヤーウィッツ家の人々（改訂版）』（2017），第 91 回アカデミー賞外国語映画賞，監督賞，撮影賞を受賞した『ROMA / ローマ』（2018，アルフォンソ・キュアロン）など，多くの作品を独占配信している。

日本でもオリジナル作品の製作・独占配信は行われている。まず話題になったのは，1999 年からフジテレビで放送され，キラーコンテンツの一つであった恋愛リアリティ番組『あいのり』の復活であろう。2009 年に終了した同番組の新シリーズを製作し，2017 年から配信を開始した。

さらに，日本発の世界に向けたオリジナルコンテンツとしてアニメに注目し，日本のアニメスタジオや制作会社と提携してつぎつぎとアニメ作品を製作。2018 年，『DEVILMAN crybaby』や『B: The Beginning』『ソードガイ The Animation』など，アニメファンが注目する作品の配信を立て続けに行った。

テレビや映画の市場が徐々に縮小し，収益確保がままならない映像制作会社にとって，Netflix のような配信会社は，新たなパートナーとして欠かせない存在になりつつある。

---

†　https://www.netflix.com

〔2〕　**Amazon prime video**（アマゾン プライムビデオ）[†1]　　米ワシント
ン州シアトルに本社を持つショッピングモール型 e コマース（電子商取引）サ
イト Amazon.com（アマゾンドットコム）が提供している有料会員制サービス
「Amazon プライム」の会員特典の一つ。本国アメリカでは 2005 年から，日本
では 2007 年からスタートした。Amazon プライム会員は対象の映画・TV 番組
を無料で視聴できるほか，対象外の作品を有料でレンタル視聴できる。Netflix
同様，プライムビデオもオリジナルコンテンツを積極的に製作している。『エ
イリアン』（1979）や『ブレードランナー』（1982）の監督として知られるリド
リー・スコットが製作総指揮を務めたドラマシリーズ『高い城の男』（2015 ～）
や，『X-ファイル』（1993 ～ 2002）や『ウォーキング・デッド』（2010 ～）の
プロデューサーが製作総指揮に名前を連ねるアンソロジー・ホラー『ロア～奇
妙な伝説～』（2017 ～）などである。

　日本発のコンテンツとしては，有名ヒーロー番組のリブート作品『仮面ライ
ダーアマゾンズ』（2016 ～）や，アメリカで爆発的人気となった番組の日本版
『バチェラー・ジャパン』（2017 ～），ダウンタウンの松本人志が手掛けるコメ
ディ番組『HITOSHI MATSUMOTO presents FREEZE』（2018 ～）などが挙げ
られる。

13.2.3　無料動画配信サービス

〔1〕　**AbemaTV**（アベマ TV）[†2]　　日本の IT 企業株式会社サイバーエー
ジェントとテレビ朝日が 2015 年に共同設立した株式会社 AbemaTV が翌 2016
年に開局。「無料で楽しめるインターネットテレビ局」を詠い，最新ニュース
やオリジナル番組，アニメ，音楽，スポーツ番組など，約 20 チャンネルをす
べて無料で提供している。

　AbemaTV は，そのオリジナル性あふれる特別企画番組で注目を浴びること
が多い。例えば，元 SMAP 香取慎吾・草彅剛・稲垣吾郎がジャニーズ事務所

---

† 1　https://www.amazon.co.jp
† 2　https://abema.tv

退所後初めて出演し，生配信された『72 時間ホンネテレビ』（2017）である。三人が番組内でそれぞれインスタグラマー，ユーチューバー，ブロガーとしての活動を開始したことも話題になった。

また，『亀田興毅に勝ったら 1 000 万円』（2017 年 5 月）や，将棋の藤井聡太四段（当時）の竜王戦の配信（2017 年 7 月）など，ヒット番組を連発。いまや AbemaTV の話題創出力は各方面から高く評価されている。

ビジネスは地上波テレビの民間放送（民放）と同じく広告モデルをベースとしており，スポンサーからの CM 出稿を収益の柱としている。

〔2〕 **TVer**（ティーバー）†   2015 年にスタートした，テレビ番組の無料配信サービス。在京民間テレビジョン放送局 5 局（日本テレビ放送網，テレビ朝日，TBS テレビ，テレビ東京，フジテレビジョン）と広告代理店 4 社（電通，博報堂 DYMP，アサツーディ・ケイ，東急エージェンシー）が共同出資したプレゼントキャストが運営している。

各放送局が地上波で放送したテレビ番組を，本放送後一週間程度視聴できる**キャッチアップサービス**である。当初は全国放送の番組のみを扱っていたが，現在では地方局のローカル番組も配信され，視聴地域に関係なく視聴できるようになった。サービスの性質上，Tver 独自のオリジナル番組制作などはなく，あくまでテレビ番組の見逃し配信サービスという位置づけで番組提供が行われている。

13.3　デジタルジャーナリズム

デジタルの波が押し寄せ，従来のビジネスモデルや勢力図が一変したのはテレビや映画といったエンタテインメントメディアだけではない。新聞をはじめとするニュースメディアも同様である。インターネット普及前は，新聞記者やジャーナリストら，マスメディアに従事する少数の送り手が，多数の受け手に

---

† 　https://tver.jp

対してニュースコンテンツを提供していた。受け手は当然のようにお金を払っ
てコンテンツを購入していたのである。しかしネット時代が到来し，だれもが
SNSや動画共有サイトなどを使って無料でコンテンツを発表できるようになっ
たことで，その仕組みは一変した。送り手が多数となり，無料提供されるコン
テンツが増えたために，従来のマスメディアの存在価値は見え辛くなり，市場
規模は下降の一途をたどっている。デジタル時代に生き残るためのジャーナリ
ズムのあり方が，いま，問われていると言っていい。ここでは，ネット社会に
おけるデジタルジャーナリズムの現在地と未来への可能性を紹介する。

13.3.1　新聞社の現状

　ジャーナリズムは元来，活字を用いた印刷メディアで行われる報道活動を意
味した。その代表が新聞である。殊に大衆（マス）を相手に情報を発信する新
聞社は，世界各国で報道の中枢を担うメディアとして社会に大いなる影響を及
ぼし続けてきた。

　紙媒体として発展してきた新聞であるが，インターネットの出現以降，ウェ
ブ媒体と比べて速報性に劣ることなどから発行部数は低迷，デジタルへの移行
（**デジタルシフト**）を余儀なくされている。米国の2大全国紙USAトゥデイと
ウォールストリートジャーナル，そして世界的なクオリティペーパーとして知
られるニューヨーク・タイムズは，印刷版の発行部数が減り続ける中，デジタ
ル版に注力し定期購読者数の底上げに成功した。物理的な配達の必要がないデ
ジタルの特性と，世界の共通語とも言える英語新聞であるという利点を生か
し，アメリカ国内だけでなく他国の購読者も確保できたことは大きい。もは
や，アメリカで新聞と言えば紙メディアではなくデジタルを指すと言っても過
言ではないだろう。

　同様に，世界各国の新聞がデジタルへとシフトしているいま，紙の新聞の発
行部数ランキング上位は日本とインド，中国の3か国で占められている。殊に
日本はほかの2国と比べても非常に多く，世界新聞協会（WAN-IFRA）の
『World Press Trends 2019 report』によると，発行部数世界一は日本の読売新

聞（約 810 万部）であり，2 位に朝日新聞（約 560 万部）が続く。さらに，8
位に毎日新聞（約 317 万部），10 位に日本経済新聞（約 273 万部）もランクイ
ンしており，人口がほか 2 国の 10 分の 1 以下であることを考えると，日本の
印刷版新聞の流通量が突出していることがわかる（**表 13.2**）。

表 13.2 世界新聞発行部数ランキング（2019 年）[4]

	新聞名	国	言　語	発行部数〔千部〕
1	読売新聞	日本	日本語	8 115
2	朝日新聞	日本	日本語	5 604
3	Dainik Bhaskar	インド	ヒンディー語	4 321
4	参考消息	中国	中国語	3 749
5	Dainik Jagran	インド	ヒンディー語	3 410
6	人民日報	中国	中国語	3 180
7	The Times of India	インド	英語	3 030
8	毎日新聞	日本	日本語	3 166
9	Malayala Manorama	インド	マラヤーラム語	2 343
10	日本経済新聞	日本	日本語	2 729

　元々日本は全国紙が多く，ローカル紙メインの他国に比べて発行部数は多く
なりがちである。とは言え，デジタル化にいち早く対応した米国の新聞に比
べ，日本の新聞の反応が鈍いことは否めない。もちろん各紙電子版の展開を
行ってはいるが，契約者の多くは紙版の購読者であり，新規読者の獲得は難し
いようである。毎年新聞購読者数が前年を割っているにも関わらず，デジタル
シフトの波にも乗り遅れている，というのが日本の新聞社の現状である。

13.3.2　ウェブジャーナリズム

　読売新聞の読売プレミアム，朝日新聞の朝日新聞デジタル，毎日新聞のデジ
タル毎日など，日本の新聞社もウェブ展開を行っており，無料で読める記事の
ほか，有料で会員登録をすれば紙版の記事をそのまま読めるサービスも提供し
ている。電子版独自の記事もあるが，基本的には紙版の記事をメインに構成さ
れていると言っていい。

　一方，紙版の提供はなく，ウェブ上だけで展開するニュースメディアも存在する。

　ウェブメディアは，オリジナルの記事を提供する一次メディアと，他社が作成した記事や情報を再配信する二次メディア，そしてブログや SNS など個人メディアの三つに分類できる。

　例えば，一次メディアとして挙げられるのは，アメリカやフランスのオンラインメディアの日本ローカル版である

・ハフポスト日本版

・BuzzFeed Japan

・クーリエ・ジャポン

・GIZMODE JAPAN

・CNET JAPAN

などである。

　上記のうちハフポスト日本版は，アメリカのハフポストと日本の朝日新聞社の合弁事業として運営されており，記事作成は朝日新聞が行っている。また，クーリエ・ジャポンはフランスの国際ニュース週刊誌「クーリエ・アンテルナショナル」の日本版で，運営は講談社が行っている。独自記事のほか，「ニューヨーク・タイムズ」（米），「ル・モンド」（仏），「ガーディアン」（英）など，世界中のメディアから厳選した記事を掲載する有料の会員制ウェブメディアである。

　そのほか，日本独自のメディアとしては，IT 系に特化した，ITmedia やGIGAZINE，政治・経済への提言型ニュースサイト BLOGOS などが存在する。

　二次サイトとしては

・Yahoo! ニュース

・Google ニュース

・MSN ニュース

・時事ドットコム

などが挙げられる。

これらのサイトは，新聞社のように自らが取材した記事ではなく，新聞社や通信社が配信するニュースおよび雑誌社，フリーランスのライターなどが発表した記事の提供を受けて掲載している。国内外のメディアから多種多様な記事が取り上げられ，かつ無料で読むことができるため，読者にとっては利便性の高い情報供給源と言える。殊に日本では Yahoo! ニュースの影響力が強く，Yahoo! ニュースに取り上げられることで記事の閲覧者数を一気に増やすことができるため，多くの媒体が Yahoo! ジャパンにアプローチしている。

個人メディアの台頭も見逃せない。広告掲載やアフィリエイトなど，ブログや動画共有でも十分に収入が見込めるいま，個人がプロフェッショナルのメディアとして大きな影響力を持ちつつある。

13.3.3　ニュースメディアの未来

ニュースメディアの形態が紙からオンラインに移行することで，これまで活字と写真のみでしか伝えられなかった情報を，映像を交えて届けることが可能となった。新聞社の多くは YouTube やニコニコ動画など動画共有サイトのチャンネルを持ち，自社提供のニュース動画を配信しているほか，自社ウェブサイトでも動画コーナーを設けて記事ととに紹介している。いまや，新聞記者やジャーナリストは，取材時にスチール写真だけでなく，カメラやスマートフォンの動画撮影機能を使って映像を撮影しなくてはならない時代になっているのである。

さらに，米 USA トゥデイ・ネットワークはニュース動画以外の自社制作動画の提供に力を入れていることで知られる。動画制作チームが作った動画を，自らのネットワークサイトおよび Facebook をはじめとしたソーシャルプラットフォーム向けの番組として公開しているのである。殊に，だれかが行ったちょっとした親切や，心温まる話を集めたシリーズや，動物のほのぼのとした動画を集めたシリーズは好評を博し，多くの視聴者数を稼いでビジネスとしても成功を収めている。もはや活字だけに頼ったメディアに未来はない。アナログ時代のビジネスモデルに固執し，紙媒体の売り上げや新聞契約者数だけで経

営を支えるのは難しくなっているのである。新聞社など従来のメディアも新た
な収益源確保に取り組んでいるが，まったく新しい，デジタル時代に見合った
ニュースビジネスを構築しようという動きもある。それは**アントレプレニュリ
アルジャーナリズム（起業ジャーナリズム）**と呼ばれ，アメリカではすでにメ
ジャーな大学や大学院がコースを設けるなど大きな期待と注目を集めている。
今後，ジャーナリズムの新たなビジネスモデルや記事のマネタイズ手法が確立
すれば，新聞社や雑誌社といった既存メディアではなく，新規の組織または個
人により，まったく新しいジャーナリズムの形が一般化する可能性は十分ある
と言えるだろう。

演　習　問　題

〔**13.1**〕インターネットの普及に伴い，おもに若年層のテレビ離れが深刻化してい
る理由を考察してみよう。

〔**13.2**〕テレビや新聞の報道から得られる情報と，Twitter や Facebook といった
SNS から得られる情報の違いを具体的に説明してみよう。

14章 ライブイベントと映像
── 空間と映像のコラボレーション ──

◆ 本章のテーマ

　音楽の楽しみ方は，いま変革の時代を迎えている。デジタル配信サービスや，サブスクリプション型の音楽ライブラリーなどによって，音楽は日常的にオンラインで楽しむものとなった。また一方で，ライブコンサートなどのイベントも大きな転換期を迎えている。多数の人々が同一空間で音楽パフォーマンスを楽しむ「体験型」ライブイベントは，21世紀初頭にその規模においても技術水準においても最高度のレベルに達した。可動型ライトや高輝度プロジェクター，複雑な舞台機構などの組合せで，ライブ演出における表現の可能性は広がった。

　本章では，舞台演出における映像の活用例を世界博などの源流に遡って学び，コロナ禍以降の新常態のライブイベントにおける映像の活用について考える。

◆ 本章の構成（キーワード）

14.1　映像による空間演出
　　　インターメディア，エクスパンデッドシネマ，カラーインストゥルメント，
　　　インタラクティブシネマ，アートアンドテクノロジー
14.2　ライブコンサートと映像演出
　　　スタジアムロック，ロックフェスティバル，ザ・ウォール
14.3　プロジェクションマッピング
　　　プロジェクションマッピング，lmapp，ゲニウス・ロキ
14.4　ステージ映像のデザイン
　　　プロジェクター，LEDスクリーン，映像のプランニング，
　　　ステージセット，DLP映写機，コンサート演出

◆ 本章を学ぶと以下の内容をマスターできます

☞　万国博覧会などの映像を用いた空間演出の歴史
☞　ライブコンサートの巨大化と映像演出手法の発展
☞　プロジェクションマッピングの技法と技術要素について

14.1 映像による空間演出

公共空間でのイベントの演出手法として映像が活用されている。駅構内やショッピングモールには，広告や案内を表示するデジタルサイネージが設置され，観光地では集客を目的にプロジェクションマッピングを用いたイベントが行われる。近年，発展の目覚ましいこの分野だがその起源は古く，1950年代まで遡ることができる。本節では先人たちが作り上げた映像演出技法を振り返る。

14.1.1 インターメディアとエクスパンデッドシネマ

インターメディアとは，1950 ～ 1960年代に発生したさまざまなメディアの間を横断するような芸術運動のことである。50年代の芸術家アラン・カプローらは作品と観客の関係を変化させ，作品が観客を包み込む環境を作り出した。これらの非再現的で，一回性の強いパフォーマンスアートや作品展示などは，総称して「ハプニング」と呼ばれた。こうした運動の中で生まれた**エクスパンデッドシネマ**は，従来とは違った方法・形態によって上映される映画のことで，1960年代半ばより，実験映画作家や美術家によってさまざまな作品が発表された。複数の映写機からの映像を同時に一つのスクリーンに映写する作品や，上映中に映写機の配置を変える作品，ループ映写される映像を使ったインスタレーション作品，また映写する映像をその場で操作・加工するライブパフォーマンス的な作品などがあった。これらは，現代における映像パフォーマンスの原型とも言えよう。

14.1.2 カラーインストゥルメント

カラーインストゥルメントとは，19世紀のヨーロッパで始まった，音楽パフォーマンスと照明を同期させる試みの一つである。20世紀になってエレクトロニクス工学が発達するのに伴って，さらに精巧で独創的なメカニズムを駆使した表現が可能になった。アメリカでは，1921年にトーマス・ウィルフレッドがクラビルックス（Clavilux）という鍵盤楽器型のカラーオルガンを制作し，

"Lumia" と名付けた視覚的な音楽を制作している。

　オスカー・フィッシンガーも，色光をさまざまな物体に当てることで画像を生成するルミグラフを作成した。手動の装置でさまざまな音楽とともに光による演出が実演された。これらの技術は，1970年代となって，ディスコやダンスパーティでの演出で使用される「ライトオルガン」[1] として再登場する。

14.1.3　万国博覧会における映像演出

　世界各地で行われた万国博覧会では，当時の科学技術や産業の成果が発表されるだけでなく，先端的な芸術表現の紹介も盛んに行われた。1958年に開催された，ブリュッセル万国博覧会のテーマは「科学文明とヒューマニズム」であった。戦後初の万博となったこの博覧会では，現代建築と現代音楽が融合する展示が多く作られた。特筆すべきは，フィリップス館の『電子の詩』で，人類が戦争の悲劇を乗り越えて新たな創造に向かう姿を，約8分のフォトモンタージュで表現した。また，エドガー・ヴァレーズが作曲した電子音楽が，ヤニス・クセナキス[2] の設計による 425 個のスピーカーから流された。

　1965年に開催されたニューヨーク万博では，ついにコンピュータが舞台裏の主役として登場し，ディスプレイの世界を一変させた。特に高い人気となったのが工業デザイナーのチャールズ・イームズ（6.2.1 項参照）が展示計画を担当した IBM 館の『Think』である。変形の 22 面マルチスクリーンが設置された劇場で，膨大な映像素材を通して，人間が「ものを考え，計画をプロジェクト化して実行する」プロセスを描き出した。

14.1.4　映像博覧会としての大阪万博

　1967年に開催されたモントリオール万博で注目されたのはチェコスロヴァキア館の展示『Polyecran』である。この展示は，舞台美術家のジョセフ・ス

---

† 1　オーディオ信号を周波数帯域に分離し，調光器を使用して色光を制御して空間に映し出す。
† 2　現代音楽の作曲家。当時はル・コルビュジエのもとで建築家として働いていた。

ボボダのデザインによるもので，同館の映像システムはキノ＝オートマ・シアターと名付けられた。観客の多数決によってストーリーの展開が決定される映画で，現代におけるインタラクティブ映像の元祖と言えよう。一つの大空間で，前後にシフトしながら表示されるイメージが変化する 112 個のキューブの壁を座って観賞する展示も行われた。

1970 年に開催された大阪万博では，先行する 1967 年のカナダ・モントリール万博を参考にして，映像博覧会と呼ばれるほど，多くのパビリオンが映像展示をメインとして出品した。とりわけマルチスクリーンと呼ばれる展示方法は，多くのパビリオンに導入された。中でも E.A.T. が企画を行ったペプシ館では，鏡を表面とするミラードームの内部で，観客を巻き込んだ大規模な実験的プログラムが実現され，注目を集めた[1]。

14.1.5 アートアンドテクノロジー

アートアンドテクノロジーとは，旧来的な芸術作品に工学的な技術を取り入れようとする，1950 年代後半から 1970 年代初頭までの美術の動向・観念のことである。アーティストとエンジニアという 2 種類の才能が共同して芸術を制作し，形式的には映像やライティング，パフォーマンスなどを効果的に組み合わせて空間全体を作品とするものが多かった。1957 年にデュッセルドルフで結成されたグループ・ゼロを筆頭にして，パリでは視覚芸術探求グループが結成された。

さらに，1966 年にアメリカで設立された E.A.T.（experiments in arts and technology）などの活動は，1970 年の大阪万博でのペプシ館のプロデュースが一つの到達点となった。その後は，日本でも実験工房の多くの作家が参加し，電子技術を用いた現代のメディアアートへとつながる。オーストリアの街リンツでは，毎年アートアンドテクノロジーの祭典，**アルスエレクトロニカ**が開催されている[2]。

14.2 ライブコンサートと映像演出

コンサートや音楽フェスティバルなど，現代におけるイベントでは映像によ

る演出が不可欠となった。ライブイベントに集う観客が求めているものは「音楽を通した共感」であり「アーティストとともに過ごす時間」である。映像演出の力によって，その体験はより鮮明で感動的なものとなる。

14.2.1 スタジアムロックの幕開け

1965年8月15日，ライブコンサートの歴史を変えるイベントが行われた。ニューヨークのシェイスタジアムで行われたビートルズの巨大野外コンサートである。ステージはピッチャーマウンドの上に建てられたシンプルな舞台でしかなく，初歩的な音響システムでは，スタンド席の観客に音楽を十分に届けることはできなかった。だが集まった56 000人の観客は，ビートルズ2度目のアメリカ公演初日に実現したこのイベントに心酔した。スタジアム・ロック・ショーの幕開けであり，この日の詳細は『ザ・ビートルズ〜 EIGHT DAYS A WEEK – The touring Years』（2016，ロン・ハワード）にいきいきと描かれている。

14.2.2 ロックフェスティバル

ライブイベントに足を運ぶ観客の目的はさまざまである。アーティストの姿を目の前にして，その音楽やメッセージを直接受け取る。あるいは，世代や人種，社会的な立場を超えて，集団としての人間同士がおたがいのつながりや一体感を感じることもできる。1960年代後半には，ウッドストックやワイト島などで，数十万人が集まる巨大ロックフェスティバルが開かれるようになった。これらのイベントでは，カウンターカルチャーとしての音楽文化が，当時の反戦平和活動などのムーブメントとも結びついて若者たちを惹きつけた。

14.2.3 高度化するライブステージの演出

はじめは，シンプルなステージに申し訳程度の雨よけテントしかなかったコンサートだったが，イベントの巨大化とともにステージ機材は改善された。1976年，ネブワースでのローリング・ストーンズのコンサートでは，ステー

ジ上のメンバーを大スクリーンに写し出しライブコンサートの視覚的な体験を
変えた。しかしその一方で，映画やテレビ番組を見なれた観客の感じ方もより
洗練され，より高度な演出が求められるようになった。その後，音響と照明，
そして映像演出の技術は飛躍的な進歩を遂げ，現代のライブイベントの演出
は，プロフェッショナルの集団が支える高度で複雑な技術の集合体となった。

14.2.4　巨大スタジアムでのコンサート演出　『THE WALL』

　芸術とテクノロジーが融合するステージ演出として，ロックコンサートの概
念を変えたと言われるのが，ピンク・フロイドによる『THE WALL Performed
Live（1980 ～ 81）』である†。このコンサートの進行中には，ステージに巨大
な壁面が築かれていく。その背後から現れる異様なキャラクター（バルーン
フィギュア）や，巨大壁面に投影される映像が，複雑なステージ機構と同期的
にコントロールされ，究極とも言えるステージ空間演出が実現された。

　『THE WALL』（1979）は，ピンク・フロイドによる 2 枚組アルバムで，戦争
で父親を亡くした少年の人生が描かれる。辛い経験の連続から精神を屈折させ
ていく主人公ピンクは，しだいに常軌を逸しいく。彼は心の中に「巨大な壁」
を作り，世界と自分を完全に切り離してしまう。最後は狂気をおびた独裁者と
なりステージに現れるが，最後は暗闇の世界に落ちていく。

　その後，このコンサートは，東西ドイツ統一後間もないベルリンでも開催さ
れた。東西冷戦下に築かれたベルリンの壁は，ドイツだけでなく世界全体を東
西に分断した。その壁が崩壊した直後にこのコンサートが開かれた意味は大き
い。「他者への恐怖や不寛容」が断絶や紛争を引き起こすことを訴えた。

　この『THE WALL』やローリング・ストーンズの『STEEL WHEELS』など
の大規模コンサートのステージデザインを手がけたのが，フィッシャー・パー

---

†　ピンク・フロイドによるロックオペラで同名アルバム作品を演奏する。初演は 1980
　年だったが，その後グループが分解したのちも，形を進化させながら再演され続ける。
　記録映像作品『THE WALL LIVE IN BERLIN』（1990）と『ROGER WATERS THE
　WALL』（2014）に貴重なメイキング映像が収録されている。

クᵗのデザインチームである。彼らは，スケールの大きさと複雑さという困難がつきまとう，大スタジアムのロックコンサートの第一人者である[3]。

14.2.5　多様なステージ演出　『コーチェラフェスティバル』

『コーチェラ・フェスティバル』（Coachella Valley Music and Arts Festival）は，カリフォルニア州のコーチェラヴァレー（コロラド砂漠の一角）という大自然の中で開催される巨大フェスティバルである。現在は世界屈指の音楽フェスとして知られ，最先端のステージ演出技術を見ることができる。2018 年のコーチェラフェスティバルのウィークエンドステージでは，シンガーの顔をかたどった巨大なオブジェに，プロジェクションマッピングによる変幻自在な映像を投影し，ステージ上の 3D アニメーション効果を実現した。

14.2.6　AR を用いたステージ演出　『U2 ライブツアー』

U2 のライブコンサートはつねに最新鋭の演出技術を用いている。特に 2009 年の『360° At The Rose Bowl』での，センターステージ型での映像演出として傑出した事例である。2018 年 5 月に始まった，U2 のライブツアー『eXPERIENCE ＋ iNNOCENCE Tour 2018』では，ウィリー・ウィリアムスのデザインによる，AR 技術を使った演出が行われた。

ステージ上のスクリーンのマーカーグラフィックに焦点を合わせることで，観客の持つスマートフォンなどの端末には，さまざまなイメージが映し出された。巨大な氷山が溶けて流れ出し，その後ボノの巨大なオブジェが現れる演出である。ピンク・フロイドの『THE WALL』では，圧縮空気で膨らませる巨大なバルーンフィギュアが観客を驚かせたが，現代では AR 技術を応用することで，さらに多様でダイナミックな表現が可能となったと言えよう。

---

†　デザイナーのマーク・フィッシャーと，エンジニアのジョナサン・パークによるチーム。

14.3 プロジェクションマッピング

プロジェクションマッピングとは，任意の複雑な表面上への画像の表示である。投影画像が変化することで，建物の壁が変化するなど3次元的な錯視表現などの演出が可能であり，コンサートや野外イベントで用いられる。

14.3.1 プロジェクションマッピングの源流

プロジェクションマッピングは元々アートを目的として発案されたものであり，最も古い作品の一つがマイケル・ネイマークの『Displacements』（1980）である。部屋の中央に一定の速度で回転するターンテーブルを設置し，そのテーブルの上に16 mm動画カメラを設置して部屋全体を撮影し，それを白く塗った部屋に投影するというものである。同年代には，クシシュトフ・ヴォディチコが各国の公共建築物・モニュメントを投影対象として，都市やそこに住む人々が抱えるさまざまな問題をテーマにした映像を投射してメッセージを映し出す「パブリックプロジェクション」という表現手法において，プロジェクションマッピングを行っている。

14.3.2 現代のプロジェクションマッピング

プロジェクションマッピングは，当時としては画期的な演出手法であったが，プロジェクターの明るさや費用面でも限界があり，一時的な流行で終わってしまった。その技術が再び注目され，エンタテインメント目的やプロモーション目的などで多く利用されるようになってきた。

現在，世界各地でプロジェクションマッピングのフェスティバルが行われている。ドイツのワイマールで開催される『Genius Loci（ゲニウス・ロキ）』は，国際的デザイナーや建築家が一堂に会し歴史的な建物に向けてマッピング映像作品を披露する。ルーマニアで開催されるイベント『imapp』では，ブカレストにある「国民の館」をメインのマッピング建造物として100台以上のプロジェクターを使って開催される。

14.3.3 プロジェクションマッピングの技術要素

また，プロジェクションマッピングの表現を支えているハードウェア技術には二つある。まず，高輝度で高解像度のプロジェクターの登場である。この技術によって，これまでは不可能だった，高精細な映像表現が可能となり，イベント会場でだれもが楽しめる明るさも得られるようになった。

つぎに重要なのは，メディアサーバーによる映像の補正技術である。プロジェクターから対象に投影される映像は，投影角度やレンズの性質から歪みを生じる。これをイベント会場において修正することが必要であり，これらの技術によってこのプロセスが簡易化されたことが大きい。投影される映像コンテンツは，通常 3DCG の技法を用いて，投影対象となる建造物とのマッチングシミュレーションを行う必要がある[4]。

プロジェクションマッピングは，あくまで既存の技法でありながら，高精細で高輝度な映像を用いて，スクリーンとなる建造物の形状や質感を意識して，映像と実物が融合するコンテンツを計画することで演出効果が得られる。実物の建物の一部が動き出したと感じ，映像が実態のある存在として感じられる錯視的なデザイン，音楽とストーリーとも融合する統合的な演出を行うことで，鑑賞者に感動を与えることができる。

14.4　ステージ映像のデザイン

前述のように複雑で大規模なコンサートでは，詳細にわたるプランニングと映像，そしてコンサートの現場における調整作業が重要となる。本節では，企画やプランニングの段階から実際のステージでの上映までのプロセスについて，実際のコンサートにおける制作工程の実例を参考に解説する。

14.4.1 ステージイベントにおける映像演出

2012 年 6 月に東京国際フォーラム A ホールで行われた『いけばな池坊 550 年祭記念 "特別企画デモンストレーション"』において，松任谷正隆によるプ

ロデュースのもとでプロジェクションマッピングを使った舞台演出が行われた。池坊の発祥の地である京都の六角堂（頂法寺）のセットを対象として，1万ルーメンの明るさを持つプロジェクターを客席最後列に2台設置して映像を投影した。「自然界の変化」を通じて「生け花」の世界を表現するというアイデアをもとに，移り行く四季とともに変化する六角堂の姿を表現した（**図14.1**）。

（a）　春の六角堂　　　　　　　　　　　（b）　冬の六角堂

図 14.1　京都六角堂の四季を表現したステージ演出
〔提供：池坊〕

14.4.2　コンサートツアーのステージセット

映像投影用プロジェクターは，投影のタイプによって，客席やステージ上に設置されステージ袖のコントロール卓から操作される。映像投影に関しては，ステージに組み上げられるスクリーンやセットに投影されることが多いが，近年では LED スクリーンが使用されることも増えている。

14.4.3　映像のプランニング

『松任谷由実コンサートツアー POP CLASSICO』（2013 ～ 2014）では，22 000 ルーメンの明るさを持つ BARCO 製 DLP プロジェクター（FLM-R22）が用いられた。これを客席最後列に2台設置し，グレーの石壁を模した舞台幕に投影した。また，この舞台幕には，あらかじめ三つの格子のある四角窓が切り抜かれており，もう一層奥に無地のスクリーンが設置されている2層構造となっていた（**図 14.2**）。

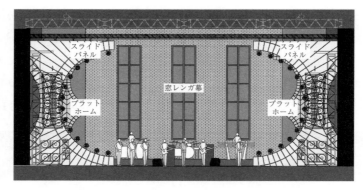

図 14.2　ステージ立面図『コンサートツアー POP CLASSICO』
〔提供：(有) 雲母社〕

　映像コンテンツは，ステージ上のパフォーマンスや照明演出のプランと同期する形でプログラムされる必要がある。美術デザインや照明など，ほかのセクションと連携しつつ映像制作を計画しなければならない。コンサート演出のテーマやセットリスト（演奏曲順）を考慮しつつ，映像のデザイン案を検討する。プロジェクションマッピングの場合はステージセットの壁面の質感や形状を考慮しつつ，映像表現の選択肢を広げてアイデアを集めることが重要である（**図 14.3**）。

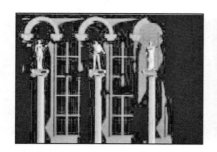

（a）　ギリシア神殿のイメージ　　　　（b）　噴き出る滝のイメージ
図 14.3　プロジェクション映像のイメージボード『コンサートツアー POP CLASSICO』

14.4.4　コンサート演出の実際

楽曲『NIGHT WALKER』では，ライブパフォーマンスと映像の世界とが，連動して見えるような演出が行われた。アーティストに向けられたフットライトの影が背後のセットに大きく映る状態を映像で再現するというアイデアであった。アーティスト本人の影を，実際にスタジオで撮影し，それをあたかもフットライトの影のように上映したものであった。

楽曲『シャンソン』の演出では，舞台上に吊るされた石壁を模した舞台幕と，その奥にある無地の舞台幕の二つの舞台幕を投影対象としている。プロジェクションマッピングにより，ギリシア神殿風の世界がサーチライトに照らされて浮かび上がり，曲の後半では炎や滝に変化させ，楽曲の世界観を表現した（**図14.4**）。

図14.4　石壁のバックに投影された映像『シャンソン』
〔提供：(有) 雲母社〕

演　習　問　題

〔**14.1**〕現代におけるプロジェクションマッピングにいたる，空間演出と映像投影技術の発展について調べてみよう。
〔**14.2**〕これからのライブイベントにおける映像表現の役割と，パフォーマンスとの連動など新しいアイデアについて考えてみよう。
〔**14.3**〕これからの空間演出における映像表現に，AR技術などを取り込むことで，観客とのコミュニケーションをより高める演出手法を考えてみよう。

引用・参考文献

1 章：映像演出

1) ジェレミー・ケイガン：映画監督という仕事，フィルムアート社（2001）
2) 伊丹万作：伊丹万作全集 1「小さい区域の中で」，筑摩書房（1961）
3) スティーヴン・キング：書くことについて，小学館（2013）
4) ジョン・バダム：監督のリーダーシップ術，フィルムアート社（2013）
5) クリストファー・ケンワーシー：名監督の技を盗む！ スコセッシ流監督術，ボーンデジタル（2017）
6) 西村雄一郎：巨匠たちの映画術，キネマ旬報社（1999）
7) クリストファー・ケンワーシー：マスターショット 100，フィルムアート社（2011）
8) スティーブン D. キャッツ：映画監督術 SHOT BY SHOT，フィルムアート社（1996）
9) 都築政昭：黒澤明と「七人の侍」，朝日新聞社（2006）

2 章：編集技法

1) ユクスキュル，クリサート（著），日高敏隆，羽田節子（訳）：生物から見た世界，岩波書店（2005）
2) ウォルター・マーチ：映画の瞬き，フィルムアート社（2008）
3) ジェニファー・ヴァン・シル：映画表現の教科書 — 名シーンに学ぶ決定的テクニック 100 —，フィルムアート社（2012）
4) ドリュー・キャスパーほか：ハリウッド白熱教室，大和書房（2015）
5) ジョン・バダム：監督のリーダーシップ術，フィルムアート社（2013）
6) スティーヴ・ブランドフォードほか：フィルム・スタディーズ事典 — 映画・映像用語のすべて —，フィルムアート社（2004）
7) ゲイブリエラ・オールドハム（編著）：ファースト・カット — アメリカン・シネマの編集者たち —，フィルムアート社（1998）
8) ウェンディ・アップル：The Cutting Edge — The Magic of Movie Editing —（DVD），ワーナー・ホーム・ビデオ（2004）
9) マイケル・オンダーチェ：映画もまた編集である ウォルター・マーチとの対話，みすず書房（2011）

3章：撮影技法

1) デニス・シェファー，ラリー・サルヴァート：マスターズオブライト，フィルムアート社（1988）
2) ネストール・アルメンドロス：キャメラを持った男，筑摩書房（1990）
3) 伊丹万作：伊丹万作全集2「軟調ということについて」，筑摩書房（1961）
4) 野上照代：天気待ち ― 監督・黒澤明とともに ―，文藝春秋（2004）
5) 板谷秀彰：ドキュメンタリーカメラマンが伝授する映像撮影ワークショップ，玄光社（2014）
6) グスタボ・メルカード：filmmaker's eye，ボーンデジタル（2013）
7) ブライン・ブラウン：プロフェッショナル撮影技法，フィルムアート社（2007）
8) 安藤紘平：映画監督・キャメラマンになる映像プロフェッショナル入門，フィルムアート社（2004）

4章：映像デザイン

1) フィオラ・ハリガン：映画美術から学ぶ「世界」のつくり方 ― プロダクションデザインという仕事 ―，フィルムアート社（2015）
2) 種田陽平：ホット・セット　種田陽平美術監督作品集，メディアファクトリー（2007）
3) 種田陽平：伝説の映画美術監督たち×種田陽平，スペースシャワーネットワーク（2014）
4) 種田陽平：TRIP for the FILMS ARTWORKS from "Shikoku" to "The Magic Hour" featuring "KILL BILL Vol.1" 1998 〜 2008，角川グループパブリッシング（2008）
5) 山田満郎：8時だョ！全員集合の作り方 ― 笑いを生み出すテレビ美術 ―，双葉社（2001）
6) 橋本潔：自分史　テレビ美術 ― セットデザインと映像の可能性を索めて ― 1952 〜 1995，レオ企画（1996）
7) 日本舞台テレビ美術家協会：日本の舞台テレビ美術（1 〜 3），形象社（1985）

5章：名作物語

1) 山田洋次：映画をつくる，大月書店（1978）
2) 安岡正篤：百朝集（その23「免許の腕前」），福村出版（1987）
3) ジェームズ・ボネット：クリエイティヴ脚本術，フィルムアート（2003）
4) ブレイク・スナイダー：SAVE THE CAT の法則　本当に売れる脚本術，フィルムアート社（2010）
5) ブレイク・スナイダー：10のストーリータイプから学ぶ脚本術，フィルム

アート社（2014）

6) 君塚良一：脚本（シナリオ）通りにはいかない！，キネマ旬報社（2002）

7) ハワード・スーバー：パワー・オブ・フィルム ― 名画の法則 ―，キネマ旬報社（2010）

8) 池波正太郎：映画を見ると得をする，新潮社（1987）

9) 押井守：仕事に必要なことはすべて映画で学べる，日経 BP 社（2013）

10) 朝日新聞「思い出す本忘れない本」（2012 年 4 月 22 日朝刊）

11) 志田陽子（編）：法学シネマ，法律文化（2014）

12) 伊藤弘成：シネマウォーク ― インワールドヒストリー ―，山川出版社（1996）

6 章：映像の先駆者たち

1) 栗原詩子：物語らないアニメーション ― ノーマン・マクラレンの不思議な世界 ―，春風社（2016）

2) ジョン・ウィットニー（著），河原敏文（訳）：ディジタル・ハーモニー ― 音楽とビジュアル・アートの新しい融合を求めて ―，産業図書（1984）

3) デミトリオス・イームズ：イームズ入門 ― チャールズ＆レイ・イームズのデザイン原風景 ―，日本文教出版（2004）

4) フィリス・モリソンほか：パワーズ オブ テン ― 宇宙・人間・素粒子をめぐる大きさの旅 ―，日経サイエンス社（1983）

5) スパイク・ジョーンズほか：かいじゅうたちのいるところメイキングブック，河出書房新社（2010）

7 章：特撮技法

1) 中子真治：SFX 映画の世界，講談社（1984）

2) レイ・ハリーハウゼンほか：レイ・ハリーハウゼン大全，河出書房新社（2009）

3) シルヴィア・アンダーソン：メイキング・オブ・サンダーバード―シルヴィア・アンダーソン自伝 ―，白夜書房（1992）

4) ピアース・ビゾニー：未来映画術「2001 年宇宙の旅」，晶文社（1997）

5) ジョン・ノール：スター・ウォーズ 制作現場日誌 ― エピソード 1-6 ―，玄光社（2016）

6) 古賀信明：もう，誰も教えてくれない 撮影・VFX／CG アナログ基礎講座 I，株式会社スペシャルエフエックススタジオ（2012）

7) ににたかし：東宝特殊美術部の仕事 ― 映画・テレビ・CF 編 ―，新紀元社（2018）

8章：CG技法

1) 大口孝之：コンピュータ・グラフィックスの歴史 ― 3DCG というイマジネーション ―，フィルムアート社（2009）
2) デイヴィッド A. プライス：メイキング・オブ・ピクサー ― 創造力をつくった人々 ―，早川書房（2009）
3) ローレンス・レビー：PIXAR ― 世界一のアニメーション企業の今まで語られなかったお金の話 ―，文響社（2019）
4) レベッカ・キーガン：ジェームズ・キャメロン ― 世界の終わりから未来を見つめる男 ―，フィルムアート社（2010）
5) エド W. マーシュ：ジェームズ・キャメロンのタイタニック，竹書房（1997）
6) コンピュータグラフィックス（改訂新版），画像情報教育振興協会（2016）
7) 藤幡正樹：コンピュータ・グラフィックスの軌跡，ジャストシステム（1998）

9章：アニメーション技法

1) 山村浩二：アニメーションの世界へようこそ，岩波書店（2006）
2) 津堅信之：アニメーション学入門，平凡社（2005）
3) 小田部羊一：漫画映画漂流記，講談社（2019）
4) 高城昭夫ほか：アートアニメーションの素晴らしき世界，エスクァイアマガジンジャパン（2002）
5) 山村浩二：創作アニメーション入門 ― 基礎知識と作画のヒント ―，六曜社（2017）
6) 高瀬康司（編）：アニメ制作者たちの方法 ― 21 世紀のアニメ表現論入門 ―，フィルムアート社（2019）

10章：VR，AR映像技法

1) 舘 暲：バーチャルリアリティ入門，筑摩書房（2002）
2) Ivan E. Sutherland：A head-mounted three dimensional display，In Proceedings of the December 9-11, 1968, Fall Joint Computer Conference, Part I, AFIPS' 68 (Fall, part I), pp.757-764, New York, NY, USA（1968）Association for Computing Machinery.
3) Aryabrata Basu：A brief chronology of virtual reality（2009）https://www.researchgate.net/publication/337438550 A brief chronology of Virtual Reality
4) Thomas Caudell and David Mizell：Augmented reality：An application of heads-up display technology to manual manufacturing processes, volume 2,

pp.659-669（1992）

5) Jun Rekimoto and Katashi Nagao：The world through the computer：Computer augmented interaction with real world environments, In Proceedings of the 8th Annual ACM Symposium on User Interface and Software Technology, UIST' 95, page 29-36, New York, NY, USA, Association for Computing Machinery（1995）

6) 加藤博一：拡張現実感システム構築ツール artoolkit の開発，電子情報通信学会技術研究報告，PRMU，パターン認識・メディア理解，101（652），pp.79-86（feb.2002）

7) Georg Klein and David Murray：Parallel tracking and mapping for small ar workspaces, In Proceedings of the 2007 6th IEEE and ACM International Symposium on Mixed and Augmented Reality, ISMAR' 07, pp.1-10, USA, IEEE Computer Society（2007）

11 章：映像制作の現場

1) 兼山錦二：映画のスタッフワーク，筑摩書房（1997）
2) スティーヴン・スピルバーグ：プライベートライアン，竹書房（1998）
3) エネノア・コッポラ：『地獄の黙示録』撮影全記録，小学館（2001）
4) リトル・ホワイト・ライズ：映画制作，はじめの一歩。サクッと学べる 39 のキーポイント，ビー・エヌ・エヌ新社（2018）
5) ダブ・シモンズ：世界一簡単なハリウッド映画の作り方，雷鳥社（2007）
6) 西村雄一郎：一人でもできる映画の撮り方，羊泉社（2003）

12 章：映画ビジネス

1) 一般社団法人日本映画製作者連盟：日本映画産業統計（2000 年以降）http://www.eiren.org/toukei/data.html
2) 桝井省志（編）：映画プロデューサー入門，東京藝術大学出版会（2017）
3) 春日太一：黙示録 映画プロデューサー・奥山和由の天国と地獄，文藝春秋（2019）
4) 山下勝：プロデューサーシップ ─ 創造する組織人の条件 ─，日経 BP（2014）
5) 鈴木敏夫：ジブリの仲間たち，新潮社（2016）
6) 福原慶匡：アニメプロデューサーになろう！─ アニメ「製作（ビジネス）」の仕組み ─，星海社（2018）

13章：ネット社会と映像

1) 総務省：令和2年版情報通信白書
   https://www.soumu.go.jp/johotsusintokei/whitepaper/ja/r02/html/nd252110.html

2) 総務省：デジタル経済を支える ICT の動向
   https://www.soumu.go.jp/johotsusintokei/whitepaper/ja/r01/html/nd112130.html

3) 一般社団法人日本レコード協会：生産実績・音楽配信売上実績　合計金額推移
   https://www.riaj.or.jp/f/data/annual/total_m.html

4) World Press Trends 2019（WAN-IFRA）

5) 大原通郎：テレビ最終戦争 — 世界のメディア界で何が起こっているか —，朝日新聞出版（2018）

6) 角川歴彦：躍進するコンテンツ，淘汰されるメディア，毎日新聞出版（2017）

7) 境　治：拡張するテレビ — 広告と動画とコンテンツビジネスの未来 —，宣伝会議（2016）

8) 西田宗千佳：ネットフリックスの時代 — 配信とスマホがテレビを変える —，講談社（2015）

9) ジーナ・キーティング：NETFLIX コンテンツ帝国の野望 — GAFA を超える最強 IT 企業 —，新潮社（2019）

14章：ライブイベントと映像

1) 平野暁臣：万博の歴史 — 大阪万博はなぜ最強たり得たのか —，小学館（2016）

2) 鷲尾和彦：アルスエレクトロニカの挑戦，学芸出版社（2017）

3) サザランド・ライアル：メガロステージ — 驚異のロックコンサートデザイン —，PARCO 出版（1994）

4) 田中健司：プロジェクションマッピングの教科書，シーアンドアール研究所（2017）

5) 尾崎マサル：プロジェクション・マッピング入門，玄光社（2013）

6) 福井正紀：マルチスクリーン・スライド — 新しいイメージ映像の技法 —，美術出版社（1978）

映画・映像作品

ここでは，本文中で紹介している作品，関連する作品を掲載する。

1章：映像演出
1) 『イングリッシュ・ペイシェント』（1996）監督：アンソニー・ミンゲラ
2) 『パルプ・フィクション』（1994）監督：クエンティン・タランティーノ
3) 『ノー・カントリー』（2007）監督：ジョエル・コーエン，イーサン・コーエン
4) 『ヒューゴの不思議な発明』（2011）監督 マーティン・スコセッシ
5) 『ビューティフル・マインド』（2001）監督：ロン・ハワード
6) 『スティング』（1973）監督：ジョージ・ロイ・ヒル
7) 『太陽がいっぱい』（1960）監督：ルネ・クレマン
8) 『赤西蠣太』（1936）監督：伊丹万作
9) 『アラビアのロレンス』（1692）監督：デヴィッド・リーン
10) 『ファーゴ』（1996）監督：ジョエル・コーエン
11) 『天国の日々』（1978）監督：テレンス・マリック
12) 『時計じかけのオレンジ』（1973）監督：スタンリー・キューブリック
13) 『めまい』（1958）監督：アルフレッド・ヒッチコック
14) 『隠し砦の三悪人』（1958）監督：黒澤明

2章：編集技法
1) 『七人の侍』（1954）編集：岩下広一
2) 『サイコ』（1960）編集：ジョージ・トマシーニ
3) 『カールじいさんの空飛ぶ家』（2009）編集：ケヴィン・ノルティング
4) 『ゴースト/ニューヨークの幻』（1990）編集：ウォルター・マーチ
5) 『地獄の黙示録』（1979）編集：リチャード・マークス，ウォルター・マーチ
   ほか
6) 『シン・レッド・ライン』（1998）編集：ビリー・ウェバー
7) 『勝手にしやがれ』（1959）編集：セシル・ドキュジス，リラ・ハーマン
8) 『スター・ウォーズ EP.4 新たなる希望』（1977）編集：ポール・ハーシュほか
9) 『フレンチ・コネクション』（1971）編集：ジェリー・グリーンバーグ
10) 『ブラックホーク・ダウン』（2001）編集：ピエトロ・スカリア
11) 『ワイルドバンチ』（1969）編集：ルイス・ロンバルト
12) 『ジェヴォーダンの獣』（2001）編集：ハヴィエル・ルートロイルほか

3章：撮影技法

1)　『クレイマー，クレイマー』（1979）撮影：ネストール・アルメンドロス
2)　『ディア・ハンター』（1978）撮影：ヴィルモス・スィグモンド
3)　『ゴッドファーザー』（1972）撮影：ゴードン・ウィリス
4)　『1917 命をかけた伝令』（2019）撮影：ロジャー・ディーキンス
5)　『暗殺の森』（1990）撮影：ヴィットリオ・ストラーロ
6)　『ペーパー・ムーン』（1973）撮影：ラズロ・コヴァックス
7)　『カッコーの巣の上で』（1975）撮影：ハスケル・ウェクスラー
8)　『初恋のきた道』（1999）撮影：ホウ・ヨン（侯　咏）
9)　『明日に向かって撃て！』（1969）撮影：コンラッド L. ホール
10)　『グラディエーター』（2000）撮影：ジョン・マシソン
11)　『ローズマリーの赤ちゃん』（1968）撮影：ウィリアム A. フレイカー
12)　『バードマン あるいは（無知がもたらす予期せぬ奇跡)』（2014）撮影：エマニュエル・ルベツキ

4章：映像デザイン

1)　『失はれた地平線』（1937）美術：ステファン・グーソン
2)　『風と共に去りぬ』（1939）美術：ウィリアム・キャメロン・メンジース
3)　『オズの魔法使い』（1939）美術：セドリック・ギボンズ
4)　『北北西に進路を取れ』（1959）美術：ロバート F. ボイル
5)　『華麗なるギャツビー』（1974）美術：ジョン・アラン・ボックス
6)　『卒業』（1967）美術：リチャード・シルバート
7)　『007 ゴールドフィンガー』（1964）美術：ケン・アダム
8)　『E.T.』（1982）美術：ジム・ビゼル
9)　『ニュー・ワールド』（2005）美術：ジャック・フィスク
10)　『フラガール』（2006）美術：種田陽平
11)　『バック・トゥ・ザ・フューチャー』（1985）美術：リック・カーター
12)　『グランド・ブダペスト・ホテル』（2014）美術：アダム・ストックハウゼン

5章：名作映画

1)　『ショーシャンクの空に』（1994）監督：フランク・ダラボン
2)　『幸福の黄色いハンカチ』（1977）監督：山田洋次
3)　『若草の頃』（1944）監督：ヴィンセント・ミネリ
4)　『イージーライダー』（1969）監督：デニス・ホッパー

5) 『陽のあたる場所』（1951）監督：ジョージ・スティーヴンス

6) 『殺人狂時代』（1947）監督：チャールズ・チャップリン

7) 『ウォール街』（1987）監督：オリバー・ストーン

8) 『至福のとき』（2000）監督：チャン・イーモウ（張芸謀）

9) 『サード』（1978）監督：東陽一

10) 『素晴らしき哉，人生！』（1946）監督：フランク・キャプラ

11) 『フィッシャー・キング』（1991）監督：テリー・ギリアム

12) 『わたしを離さないで』（2010）監督：マーク・ロマネク

13) 『華氏451』（1966）監督：フランソワ・トリュフォー

14) 『ミッドナイト・ラン』（1998）監督：マーティン・ブレスト

15) 『赤ひげ』（1965）監督：黒澤明

16) 『アメリカン・ビューティ』（1999）監督：サム・メンデス

17) 『サンセット大通り』（1950）監督：ビリー・ワイルダー

18) 『クライマーズ・ハイ』（2008）監督：原田眞人

19) 『真実の瞬間』（1991）監督：アーウィン・ウィンクラー

20) 『アラバマ物語』（1962）監督：ロバート・マリガン

21) 『それでも夜は明ける』（2013）監督：スティーヴ・マックイーン

22) 『エリン・ブロコビッチ』（2000）監督：スティーブン・ソダーバーグ

23) 『評決』（1982）監督：シドニー・ルメット

24) 『ミュージック・オブ・ハート』（1999）監督：ウェス・クレイヴン

25) 『麦の穂をゆらす風』（2006）監督：ケン・ローチ

26) 『ガンジー』（1982）監督：リチャード・アッテンボロー

27) 『ダンス・ウィズ・ウルブズ』（1990）監督：ケビン・コスナー

28) 『戦場のピアニスト』（2002）監督：ロマン・ポランスキー

29) 『阿賀に生きる』（1992）監督：佐藤真

30) 『ボウリング・フォー・コロンバイン』（2002）監督：マイケル・ムーア

6 章：映像の先駆者たち

1) 『ファンタジア』（1940）製作：ウォルト・ディズニー

2) 『隣人』（1952）映像：ノーマン・マクラレン

3) 『Lapis』（1966）映像：ジョン・ウィットニー Sr.

4) 『Powers of Ten』（1968）映像：チャールズ・イームズ

5) 『Brilliance』（1984）映像：ロバート・エイブル

6) 『オーケストラ』（1990）映像：ズビグニュー・リプチンスキー

7)　『Come Into My World』（2002）映像：ミシェル・ゴンドリー
8)　『Weapon of Choice』（2000）映像：スパイク・ジョーンズ
9)　『Hurt』（2003）映像：マーク・ロマネク
10)　『エターナル・サンシャイン』（2004）監督：ミシェル・ゴンドリー
11)　『マルコビッチの穴』（1999）監督：スパイク・ジョーンズ
12)　『わたしを離さないで』（2010）監督：マーク・ロマネク

7章：特撮技法
1)　『月世界旅行』（1902）監督：ジョルジュ・メリエス
2)　『ベン・ハー』（1959）監督：ウィリアム・ワイラー
3)　『鳥』（1963）監督：アルフレッド・ヒッチコック
4)　『エイリアン2』（1986）監督：ジェームズ・キャメロン
5)　『キングコング』（1933）特撮：ウィリス・オブライエン
6)　『アルゴ探検隊の大冒険』（1963）特撮：レイ・ハリーハウゼン
7)　『ゴジラ』（1954）特撮：円谷英二
8)　『サンダーバード』（1965～1966）製作：ジェリー・アンダーソン
9)　『2001年宇宙の旅』（1968）監督：スタンリー・キューブリック
10)　『未知との遭遇』（1977）監督：スティーヴン・スピルバーグ
11)　『ブレードランナー』（1982）監督：リドリー・スコット
12)　『ライフ・オブ・パイ／トラと漂流した227日』（2012）監督：アン・リー

8章：CG技法
1)　『Arabesque』（1975）映像：ジョン・ウィットニー Sr.
2)　『トロン』（1982）監督：スティーブン・リズバーガー
3)　『アンドレとウォーリー B. の冒険』（1984）監督：ジョン・ラセター
4)　『ルクソー Jr.』（1986）監督：ジョン・ラセター
5)　『モンスターズ・インク』（2001）監督：ピート・ドクター
6)　『ファインディング・ニモ』（2003）監督：アンドリュー・スタントン，リー・アンクリッチ
7)　『アイス・エイジ』（2002）監督：クリス・ウェッジ
8)　『シュレック』（1990）監督：アンドリュー・アダムソン
9)　『ジュラシック・パーク』（1993）監督 スティーヴン・スピルバーグ
10)　『アビス』（1989）監督：ジェームズ・キャメロン
11)　『ターミネーター2』（1991）監督：ジェームズ・キャメロン

　12)　『アバター』（2009）監督：ジェームズ・キャメロン

9 章：アニメーション技法

　1)　『哀れなピエロ』（1892）監督：エミール・レイノー
　2)　『ファンタスゴマリー』（1908）作者：エミール・コール
　3)　『恐竜ガーティ』（1914）作者：ウィンザー・マッケイ
　4)　『蒸気船ウィーリー』（1928）監督：ウォルト・ディズニー
　5)　『風の谷のナウシカ』（1984）監督：宮崎駿
　6)　『霧につつまれたハリネズミ』（1975）作者：ユーリ・ノルシュテイン
　7)　『ファンタスティック・プラネット』（1973）作者：ルネ・ラルー
　8)　『シギと烏貝が争う（鷸蚌相争)』（1983）監督 フー・ジンクィン（胡進慶）
　9)　『木を植えた男』（1988）作者：フレデリック・バック
　10)　『老人と海』（1999）作者：アレクサンドル・ペトロフ
　11)　『屋根裏のポムネンカ』（2009）監督：イジー・バルタ
　12)　『ウォレスとグルミット 野菜畑で大ピンチ！』（2005）監督：ニック・パーク，スティーブ・ボックス
　13)　『KUBO／クボ 二本の弦の秘密』（2016）監督：トラヴィス・ナイト
　14)　『犬ケ島』（2018）監督：ウェス・アンダーソン

10 章：VR，AR 映像技法

　1)　『マトリックスシリーズ』（1999，2003）監督：ウォシャウスキー兄弟
　2)　『電脳コイル』（2007）監督：磯光雄（TV シリーズ）
　3)　『ソードアート・オンライン』（2012〜）監督／原作：川原礫（TV シリーズ）
　4)　『劇場版ソードアート・オンライン―オーディナル・スケール―』（2017）監督：伊藤智彦，原作：川原礫（TV シリーズ）
　5)　『レディプレイヤー 1』（2018）監督：スティーブン・スピルバーグ

11 章：映像制作の現場

　1)　『LIFE！』（2017）監督：ベン・スティラー
　2)　『マッチスティック・メン』（2003）監督：リドリー・スコット
　3)　『ゼロ・グラビティ』（2013）監督：アルフォンソ・キュアロン
　4)　『トゥモーロー・ワールド』（2006）監督：アルフォンソ・キュアロン
　5)　『プライベート・ライアン』（1998）監督：スティーブン・スピルバーグ
　6)　『ジョーカー』（2019）監督：トッド・フィリップス

7)　『セブン』（1995）監督：デヴィッド・フィンチャー
8)　『乱』（1985）監督：黒澤明
9)　『ブラック・レイン』（1989）監督：リドリー・スコット
10)　『映画に愛をこめて アメリカの夜』（1973）監督：フランソワ・トリュフォー
11)　『ロスト・イン・ラ・マンチャ』（2002）監督：キース・フルトンほか
12)　『メイキング・オブ「明日に向かって撃て！」』（1970）監督：ロバート L. クロフォード

12章：映画ビジネス（映画プロデューサーが登場する映画）

1)　『プロデューサーズ』（2016）プロデューサー：桝井省志
2)　『夢と狂気の王国』（2013）プロデューサー：川上量生
3)　『ハート・オブ・ダークネス/コッポラの黙示録』（1991）プロデューサー：ジョージ・ザルーム，レス・メイフィールド
4)　『ウォルト・ディズニーの約束』（2013）プロデューサー：アリソン・オーウェン，イアン・コリー，フィリップ・ステュアー
5)　『トラブル・イン・ハリウッド』（2008）プロデューサー：ロバート・デ・ニーロ，アート・リンソン，ジェーン・ローゼンタール，バリー・レヴィンソン

13章：ネット社会と映像
・「現代ジャーナリズム」を扱った映画

1)　『スノーデン』（2016）監督：オリバー・ストーン
　　米中央情報局（CIA）元職員エドワード・スノーデンが，米国家安全保障局（NSA）による大量の機密文書データを暴露した実話をもとにした作品。デジタル時代の到来により，容易に国家に個人情報を握られてしまう危険から，市民を守るジャーナリズムの役割を鮮明に描いた。
2)　『ラッカは静かに虐殺されている』（2017）監督/製作/撮影/編集：マシュー・ハイネマン
　　戦後史上最悪の人道危機とも呼ばれるシリア内戦。海外メディアも近付けない中，イスラム国（IS）の恐怖支配を国際社会に訴えたのは，市民ジャーナリスト集団"RBSS"だった。彼らはリアルなシリアの現状を，スマートフォンを駆使して SNS につぎつぎと投稿していく。
3)　『すべての政府は嘘をつく』（2016）監督：フレッド・ピーボディ
　　1920〜80年代に活躍した米国人ジャーナリスト I.F. ストーンの報道姿勢を

受け継いだ現代の独立系ジャーナリストたちが，大手メディアの伝えない権力の欺瞞に立ち向かう姿を追ったドキュメンタリー。

・**Netflix オリジナル映画**

1)　『ROMA／ローマ』（2018）監督：アルフォンソ・キュアロン
2)　『アイリッシュマン』（2019）監督：マーティン・スコセッシ
3)　『マリッジ・ストーリー』（2019）監督：ノア・バームバック
4)　『2 人のローマ教皇』（2019）監督：フェルナンド・メイレレス
5)　『愛なき森で叫べ』（2019）監督：園子温

14 章：ライブイベントと映像

1)　『チャールズ＆レイ・イームズの映像世界』（2001）監督：チャールズ＆レイ・イームズ
2)　『ザ・ビートルズ〜 EIGHT DAYS A WEEK–The Touring Years』（2016）監督：ロン・ハワード
3)　『ウッドストック 愛と平和と音楽の 3 日間』（2009）監督：マイケル・オドリー
4)　『ザ・ウォール〜ライヴ・イン・ベルリン』（1990）製作：ロジャー・ウォーターズ
5)　『Rolling Stones The Biggest Bang』（2007）監督：ハッシュ・ハミルトン
6)　『U2　360° At The Rose Bowl』（2010）監督：トム・クルーガー
7)　『All about POP CLASSICO』（2014）演出：松任谷正隆
8)　『ラスト・ワルツ』（1978）監督：マーティン・スコセッシ
9)　『レット・イット・ビー』（1980）監督：マイケル・リンゼイ＝ホッグ
10)　『ピンク・フロイド PULSE／驚異』（1995）監督：デヴィッド・マレット

索引（用語）

―― 著 者 略 歴 ――

佐々木　和郎（ささき　かずお）
1981 年　千葉大学工学部工業意匠学科卒業
1983 年　千葉大学大学院工学研究科修士課程修了（工業意匠専攻）
1983 年　日本放送協会番組制作局・映像デザイン部勤務
1991 年　英国ロイヤル・カレッジ・オブ・アート
　　　　ポストエクスペリエンス・コース修了（アニメーション）
2007 年　東京工科大学教授
　　　　現在に至る

羽田　久一（はだ　ひさかず）
1993 年　大阪大学工学部精密工学科卒業
1993 年　キヤノン株式会社勤務
1995 年　奈良先端科学技術大学院大学情報科学研究科博士前期課程修了（情報システム専攻）
1998 年　奈良先端科学技術大学院大学情報科学研究科博士後期課程単位取得退学（情報システム専攻）
1998 年　奈良先端科学技術大学院大学助手
2001 年　博士（工学）
2003 年　慶応義塾大学特別研究専任講師（大学院政策・メディア研究科）
2012 年　東京工科大学准教授
2020 年　東京工科大学教授
　　　　現在に至る

森川　美幸（もりかわ　みゆき）
早稲田大学第一文学部文芸専修卒業後，株式会社アミューズ，株式会社デジタル・フロンティア勤務
2013 年　英国国立ウェールズ大学経営大学院修了
　　　　MBA with Distinction
2017 年　青山学院大学大学院国際マネジメント研究科博士課程修了（DBA コース）
　　　　博士（経営管理）
2017 年　青山学院大学国際マネジメント学術フロンティア・センター特別研究員
2018 年　東京工科大学講師
　　　　現在に至る

クリエイターのための 映像表現技法
Creative Methods for Visual Content Production

© Sasaki, Hada, Morikawa, 2021

2021 年 1 月 22 日　初　版第 1 刷発行　　　　　　　　　　　★
2023 年 12 月 30 日　初　版第 2 刷発行

検印省略

著　　者　　佐 々 木　　和　　　郎
　　　　　　羽　　田　　久　　　一
　　　　　　森　　川　　美　　　幸
発 行 者　　株式会社　　コ ロ ナ 社
　　　　　　代 表 者　　牛 来 真 也
印 刷 所　　萩 原 印 刷 株 式 会 社
製 本 所　　有限会社　　愛 千 製 本 所

112-0011　東京都文京区千石 4-46-10
発 行 所　株式会社 コ ロ ナ 社
CORONA PUBLISHING CO., LTD.
Tokyo Japan
振替 00140-8-14844・電話 (03) 3941-3131 (代)
ホームページ https://www.coronasha.co.jp

ISBN 978-4-339-02794-5　C3355　Printed in Japan　　　　(松岡)